悖论研究译丛

主编 陈波 张建军

信念悖论与策略合理性

Paradoxes of Belief and Strategic Rationality

[美]罗伯特・C. 孔斯（Robert C. Koons） 著

张建军 等 译

中国人民大学出版社

·北京·

本译丛系国家社会科学基金重大项目"广义逻辑悖论的历史发展、理论前沿与跨学科应用研究"（项目批准号：18ZDA031）的阶段性成果

关于作者

罗伯特·C.孔斯（Robert C. Koons），得克萨斯大学奥斯汀分校哲学系终身教授。曾先后就读于美国密歇根州立大学、英国牛津大学和美国加州大学洛杉矶分校，师从泰勒·伯奇，获哲学博士学位。1987年在得克萨斯大学奥斯汀分校哲学系任教至今。长期致力于逻辑悖论、因果理论、语言哲学、心智哲学与形而上学研究，是当代情境语义学与情境哲学的代表人物之一。除本书外，其代表作还有《重塑实在论：关于因果、目的和心智的精密理论》（2000）、《形而上学基础》（2014）等。

关于译者

张建军　南京大学哲学系教授、南京大学现代逻辑与逻辑应用研究所所长

贾国恒　华东师范大学哲学系副教授、南京大学逻辑所兼职研究员

李　莉　湖北大学哲学学院副教授、南京大学逻辑所兼职研究员

雒自新　西安交通大学马克思主义学院副教授、南京大学逻辑所兼职研究员

林静霞　南京大学哲学系／逻辑所博士研究生

张　顺　南京大学哲学系／逻辑所博士研究生

总　序

　　2014 年，北京大学出版社出版了我的两本悖论书：《悖论研究》和《思维魔方——让哲学家和数学家纠结的悖论》，后者是前者的通俗普及版。两本书都受到读者和图书市场的欢迎。《思维魔方》于 2016 年出了（小幅）修订版，《悖论研究》于 2017 年出了第 2 版。

　　在《悖论研究》中，我接受"悖论有程度之分"的说法，把"悖论"不太严格地按从低到高的悖论度分为以下六类：

　　（1）悖谬，直接地说，就是谬误。例如，苏格拉底关于结婚的两难推理、古希腊麦加拉派的"有角者"和"狗父"论证、墨家谈到的"以言为尽悖"，以及后人提出的赌徒谬误、小世界悖论，等等。

　　（2）一串可导致矛盾或矛盾等价式的推理过程，但很容易发现其中某个前提或某个预设为假。例如，鳄鱼悖论、国王和大公鸡悖论、守桥人悖论、堂吉诃德悖论、理发师悖论，等等。

　　（3）违反常识，不合直观，但隐含着深刻思想的"怪"命题。例如，芝诺悖论、苏格拉底悖论、半费之讼、幕后人悖论、厄特克里拉悖论、各种连锁悖论、有关数学无穷的各种悖论、邓析的"两可之说"、惠施的"历物之意"、辩者的"二十一事"、公孙龙的"白马非马"和"坚白相离"、庄子的吊诡之辞，等等。

　　（4）有深广的理论背景，具有很大挑战性的难题或谜题，它们对相应科学理论的发展有重大启示或促进作用。例如，休谟问题、康德的各种二律背反、弗雷格之谜、罗素的"非存在之谜"、克里普克的信念之谜、盖梯尔问题、囚徒困境，等等。

　　（5）一组信念或科学原理的相互冲突或矛盾，它们中的每一个都得到很强的支持，放弃其中任何一个都会导致很大的麻烦。例如，有关上帝的各种悖论、有些逻辑-集合论悖论、有些语义悖论、各种归纳悖论、许多认知悖论、许多合理决策和行动的悖论、绝大多数道德悖论，等等。

（6）由一个和一些命题导致的矛盾等价式：由假设它们成立可推出它们不成立，由假设它们不成立可推出它们成立，最典型的是罗素悖论；或者，由假设它们为真可推出它们为假，由假设它们为假可推出它们为真，最典型的是说谎者悖论和非自谓悖论。在这类悖论中，以逻辑-数学悖论和语义悖论居多。

为了与国际学术界保持一致，我对"悖论"秉持如下广义理解：

> 如果从看起来合理的前提出发，通过看起来有效的逻辑推导，得出了两个自相矛盾的命题或者这样两个命题的等价式，则称得出了悖论：$(p \to (q \land \neg q) \lor (q \leftrightarrow \neg q))$。p 是一个悖论语句，这个推导过程构成一个悖论。

在我看来，悖论是思维中深层次的矛盾，并且是难解的矛盾。它们以触目惊心的形式向我们展示了：我们的看似合理、有效的"共识""前提""推理规则"在某些地方出了问题，我们思维中最基本的概念、原理、原则在某些地方潜藏着风险。悖论对人类的理智构成严重的挑战，并在人类的认知发展和科学发展中起重要作用。

总体而言，我对悖论持有如下几个基本看法：（1）很难找到为所有悖论所共有的统一结构，但某些类型的悖论或许有近似结构；（2）很难发现适用于所有悖论的一揽子悖论方案；（3）悖论要分类型解决，甚至个别地分析和解决；（4）不可能一劳永逸地解决所有悖论；（5）悖论意味着人类认知和思维的困境，它们几乎与人类的认知和思维同在。

基于以上认识，我主张，不要把太多精力花在试图一揽子或一劳永逸地解决所有悖论上，而要拉大悖论研究的视野，提升悖论研究的格局，全方面、多途径地推进中国的悖论研究，把悖论研究和教学的事情在中国做活、做火。具体来讲，关于悖论研究，我们可以做如下具体事情：

（1）对悖论的个例及其类型的完整把握：历史上已经提出了哪些悖论？大致有哪些类型？其中哪些已经获得初步解决？哪些尚待解决？最好

有一个相对完整的清单。

（2）对古人和前辈的悖论研究的准确理解：关于悖论研究，我们的古人和前辈已经做了哪些工作？提出了哪些独到的分析和解决方案？各自有什么优势和缺陷？在学术界的认可度和接受度如何？特别有必要厘清欧洲中世纪关于不可解问题的研究。

（3）作为中国学者，我们更有责任去厘清和研究中国古代文化中所提出的各种悖论，以及关于它们的解决方案。

（4）关于一些具体悖论甚至悖论总体，我们能够提出哪些独到的分析？发展出什么原创性的解悖方案？

（5）我们有必要全方位地开发悖论研究的价值：不仅探讨悖论的认知价值，特别是对科学发展的促进作用，还要注意开发悖论研究的教育学价值以及社会文化功能。

从上述考虑出发，我倡导做以下三件大事去推进中国的悖论研究：

第一，把悖论推向大学通识教育课堂，以及通过撰写普及读物、做公开讲演，把悖论推向公众。我在北京大学开设了"悖论研究"选修课，以及向公众免费提供的慕课"悖论：思维的魔方"，还给该慕课拟定了口号："学悖论课程，玩思维魔方，做最强大脑！"我认为，在大学开设悖论选修课的好处有：

➤为学生打开一片理智天空；

➤激发学生的理智好奇心；

➤引导学生对问题做独立思考；

➤引导学生思考别人对问题的思考；

➤引导学生识别什么样的思考是好的思考，什么样的思考是不好的思考；

➤培养学生一种健康、温和的怀疑主义态度，从而避免教条主义和独断论；

➤培养学生一种宽容、接纳的文明态度，不要轻易地下关于对错的绝对判断：走着瞧，等着看，看从某种观点或方案中能够发展出什么，衍生出什么，最后能够做成什么。

第二，通过召开学术会议，组织国内外悖论研究同行在一起切磋交流。已经分别在北京大学、上海大学和西南财经大学召开了三次"悖论研究小型研讨会"。2016 年，在北京大学召开了"悖论、逻辑和哲学"国际研讨会，来自美国、德国、荷兰、芬兰、意大利、澳大利亚、南非、日本、菲律宾、中国以及港澳台地区的 30 多位学者在会议上报告论文，另外有 30 多位来自全国各地的学者与会旁听。在 2018 年于北京召开的世界哲学大会上，组织了两次悖论圆桌会议，主题分别为"语义悖论、模糊性及连锁悖论""认知悖论和知识"。

第三，与中国人民大学出版社合作，推出"悖论研究译丛"，翻译出版 10 本左右国外的悖论研究著作。我邀请南京大学悖论研究专家张建军教授与我一道主编这套译丛。

感谢中国人民大学出版社学术出版中心杨宗元主任接受出版这套"悖论研究译丛"，感谢本译丛的各位译者认真负责的翻译工作，感谢本译丛的各位编辑认真负责的编辑工作，还要感谢张建军教授在本译丛上投入的智识和付出的辛劳。

希望读者们喜欢本译丛中的各本著作，也欢迎你们对本译丛的策划和翻译提出建议与批评，我们将予以认真对待。

陈 波

2018 年 9 月 30 日于京西博雅西园

献给黛贝（Debbie），我的爱妻和最亲密的朋友

目 录

第 I 部分　悖论

序　言

本书写作有两个主要目标。其一，本书试图为我称之为"计算主义" ix
的一种论题进行辩护，这种论题断言：诸如信念与意图之类心智态度的对
象，是以某种方式映射语句的语形结构而被构造出来的抽象对象。进而，
我要捍卫计算主义的一种相对"类型豁免"（type-free）的版本，即它容
许信念或其他心智态度的对象是真正自指或自我涉及的。我的辩护路径，
是反驳对计算主义论题的一种特别异议。这种异议认为，处理心智态度的
"类型豁免"的计算主义方案之无法成立，乃因为其被说谎者悖论的各种
变体导入理论困境。我对这种异议做了双重反驳：就消解类说谎者悖论
（liar-like paradoxes）而言，计算主义的放弃既不是充分的，也不是必
要的。

其二，本书旨在为如下观点提供案例说明，即认为关于各种"类说
谎者悖论"的理解，对于那些使用某种形式的理性行动者模型（rational
agent model）的社会科学分支［诸如经济学、博弈论、公共选择与社会契
约政治理论、组织理论以及格赖斯（H. P. Grice）语言学］来说，都是至
关重要的。"公共知识"或"交互信念"（mutual belief）是在这些模型的
诸多应用中起着重要作用的概念，而本书将表明，一种类说谎者悖论会出
现在关于这种概念的任一充分适当（敏感于计算复杂性问题的）理论之
中。进而，我将论证指出，要解决涉及"声誉"（reputation）概念的一些
谜题，有赖于弄清类说谎者悖论在这些谜题产生中所发挥的作用。最后我
以如下展望作结：在实现从理性行动者模型到基于制度、规则和实践的社
会之理解的过渡方面，类说谎者悖论研究将发挥关键作用。

本书第 1 章试图论证，某些置信悖论（即那些涉及"合理信念"概

x 念的类说谎者悖论），能够不依赖于自指或自涉的信念对象而得以重构。甚至在某种只使用类模态（modality-like）算子（用可能世界集合识别信念对象）的内涵逻辑中，亦可表明一些非常可信的理性信念原则会陷入冲突之中。这说明，困扰着类型豁免的信念计算理论的类说谎者悖论之免除，并不构成拒斥计算主义的充分动因，因为悖论同样困扰着非计算主义理论解释。

第 2 章则试图表明，在第 1 章中被独立地建构的置信悖论，实际上存在于当代博弈论的一系列谜题的根基之处。这些谜题是关于在有穷次重复博弈中建立或确认"一报还一报"（tit for tat）声誉之可能性的，比如塞尔顿（R. Selten）的"连锁店悖论"。我批判地分析了一些新近的消解谜题的尝试，特别是索恩森（R. Sorensen）的"盲点"理论。

第 3 章论证指出，一种产生悖论的认知逻辑（关于知识的逻辑），能够从当代元数学实践（证明数学研究和数学自身的其他形式方法）中提取出来。我使用标准的模态逻辑技术表明，说谎者悖论、知道者悖论和相关的置信悖论的变体，都可视为一种一般现象的示例。

公共信念概念在博弈论和语言学中都扮演着关键角色。本书第 4 章给出了关于公共信念现象的一种表征主义与计算主义的说明。我论证指出，任一涉及计算限制的关于交互信念之充分适当的理论，都会被本书第 1 章至第 3 章出现的那种置信悖论所困扰。

本书第 II 部分致力于探究上述悖论的解决方案。在第 5 章中，我批评了关于说谎者悖论的几种语境迟钝解决方案，包括各种真值间隙论方案、古普塔（A. Gupta）和赫兹博格（H. Herzberger）的外延振动方案，以及帕森斯（T. Parsons）和费弗曼（S. Feferman）的近期工作。在第 6 章中，我比较研究了三种语境敏感理论，即伯奇（T. Burge）方案、巴威斯（J. Barwise）和埃切曼迪（J. Etchemendy）方案以及盖夫曼（H. Gaifman）方案。我论证表明，所有这三种方案都是一种更一般理论的示例。进而，我对关于殊型（token）的索引值指派的盖夫曼算法做了一些修正。最后在第 7 章中，我使用这种修正后的算法来处理各种具体的置信悖论。

xi 本书预设读者拥有某些一阶逻辑和初级概率论的知识，大多数内容不需要预设其他先行知识。尽管在第 2 章中有涉及近期博弈论文献的一些讨论，但我已努力使之适于没有博弈论知识的读者。第 3 章评论了元数学的一些技术结果并与模态逻辑做了比较研究，但阅读它们并不需要这两个领域的专门知识。不熟悉近期关于说谎者悖论研究工作的读者可以略过第 5 章。第 6 章和第 7 章所包含的几处技术性定义在阅读时亦可略过；不过，这两章也都包含了关于语境敏感解悖方案的性质及相关问题的完全非形式化的讨论。

本书第 1 章曾以 "Doxastic Paradox without Self-Reference" 为题发表在 *Australasian Journal of Philosophy* 68（1990：168-177）；第 2 章以 "A Representational Account of Mutual Belief" 为题发表在 *Synthese* 81（1989：21-45）；第 6 章的一个不同版本以 "Three Indexical Solutions to the Liar Paradox" 为题发表在 *Situation Theory and Its Applications*, Vol. 1, edited by Robin Cooper, Kuniaki Mukai, and John Perry（Center for the Study of Language and Information, Stanford, Calif., 1990）；第 7 章的一部分以 "Doxic Paradox: A Situational Approach" 为题发表在 *Situation Theory and Its Applications*, Vol. 3, edited by J. Barwise, J. M. Gawron, G. Plotkin, and S. Tutiya（CSLI, Stanford, Calif., 1991）。我感谢上列期刊编辑部和 CSLI 允许在这里重印这些材料。

我要感谢我的老师伯奇，他指导了本书呈现的多数研究工作。我还要感谢查尔斯（D. Charles）和亚当斯（R. M. Adams），当我的工作处于精致化研究阶段时，他们给予了很大帮助。此外，我还要感谢我在得克萨斯大学的同事，特别是博内瓦克（D. Bonevac）、阿什尔（N. Asher）和考希（B. Causey），他们提供的反馈和建议对我是不可或缺的。我特别感谢本书编辑斯科姆斯（B. Skyrms）所给予的帮助和鼓励，以及他非常宝贵的批评和建议。本书大部分工作得到我在得克萨斯大学认知科学研究中心承担的国家科学基金项目（IRI-8719064）和得克萨斯大学奥斯汀分校大学研究所暑期研究任务的支持，在此深表感谢。最后，感谢我的父母布鲁斯·孔斯、玛格丽特·孔斯（Bruce and Margaret Koons）多年来对我的支持和信任，也感谢我的妻子黛贝，没有她，我不可能完成这些工作。

导　论

盖夫曼引述的一个思想实验可改编为如下案例：

　　罗威娜向克卢姆纳做如下提议：克卢姆纳可以选择盒子 A（它是空的）和 B（其中有 100 美元）中的一个，但不能两个盒子都选。同时，罗威娜向克卢姆纳承诺：如果她就此做出一个不合理的选择，将给她 1 000 美元的奖金。假定二者都是理想的理性人，而且罗威娜总是信守诺言，并且这些事实都是罗威娜和克卢姆纳的公共知识。[1]

　　面对这样的情境，克卢姆纳应该如何回应？若假设选择盒子 A 是不合理的，那么选择 A 就使克卢姆纳比选择盒子 B 多得 900 美元，这就使选择 A 成为一个应当做的合理行动。反之，若假设选择 A 不是不合理的，那么选择 A 会使克卢姆纳比选择 B 少得 100 美元，因此选择 A 终究又是不合理的。这样，对克卢姆纳来说，选择 A 是不合理的，当且仅当，选择 A 不是不合理的。

　　这种情形与说谎者悖论有明显的类似之处。在说谎者悖论中，我们有一个言述自身的语句："本语句不是真的。"如果这个语句不是真的，因为这正是它自己所言述的，则可得它是真的；而如果它是真的，因为这正是其本身所否认的，又可得它为假从而不是真的。塔斯基（Tarski，1956）论证表明，这个古老的谜题构成了一个真正的二律背反（antinomy）①，它揭示出一个在直觉上非常可信的模式，即约定 T，而任何蕴涵该模式的任意示例的理论，都是逻辑上不相容的。约定 T 仅仅要求，对于

---

　　①　因为 paradox（悖论）一词在文献中的用法比较宽泛，有些学者将罗素悖论、说谎者悖论这样的最严格意义上的逻辑悖论称为二律背反（antinomy），本书也采用了这一称谓。以下脚注均为译者注，不一一注明。——译者注

语言中的每一个语句 φ，我们的语义理论应能衍推如下陈述："φ"是真的，当且仅当，φ（其中"φ"表示语句 φ 的一个名称）。例如，若语句是"雪是白的"，则这样的语义理论就应蕴涵："雪是白的"是真的，当且仅当，雪是白的。

2　　为表明上述盖夫曼谜题也构成一种真正的二律背反，需要给出关于合理性概念的直觉上可信的原则，并说明其如同塔斯基就真理概念所给出的直觉上可信的约定 T 那样，迫使我们陷入不相容境地。进而，还要说明这样的原则是在上述引致矛盾的非形式推理中隐含地使用的。在本书中，我将给出这样的原则，并将利用帕森斯（C. Parsons）[2]①和伯奇[3]关于说谎者悖论的一些研究成果，探究消解这种二律背反的出路。与其他二律背反的研究一样，对这个问题没有日常的、非技术的解决方案。我的解决方案将涉及对证立语言（the language of justification）的语义学相当彻底的重构。

盖夫曼悖论的畛域

盖夫曼所给出的这个关于选择合理性的悖论，是不是一个刻意捏造的人为事例，只有关于逻辑二律背反的相当狭窄领域的旨趣呢？绝非如此。正如本书第 2 章中所要说明的，当代博弈论和博弈论经济学中许多迄今仍未解决的谜题，与盖夫曼的悖论性情境是非常类似的。因此，盖夫曼悖论提供了一个简化模型，通过它可以说明这些谜题的本质特征。

在这里可简要地提及三个这样的博弈论谜题：塞尔顿的"连锁店悖论"[4]，"囚徒困境"博弈的有穷序列问题[5]，以及行动功利主义者关于威慑惩罚（deterrent punishment）的博弈论可证立性的争论[6]。塞尔顿的连锁店悖论源于博弈论经济学家试图分析和评价垄断者掠夺性行为的合理性问题，我将在第 2 章详细讨论这个悖论。

在"囚徒困境"博弈的有穷序列语境中惩罚与奖励策略的合理性问题，已被鲁斯（R. D. Luce）、雷佛（H. Raiffa）和哈丁（R. Hardin）等人

---

① 本书出现两个帕森斯（Parsons），即 Charles Parsons 和 Terry Parsons，因从上下文及引注文献可以清楚分辨，故后文不再一一标识其 given name。

所讨论。[7]在囚徒困境博弈中，两个有罪的囚徒被分别审讯。每个囚徒都面临一个选择：要么认罪，要么不认罪。每个人都明了以下选择偏好：最优结果是自己认罪，另一个人不认罪；次优结果是两个人都认罪；而最坏的结果是自己不认罪，另一个人认罪。在一个孤立的囚徒困境中，无论另一个人做什么，认罪都更符合自己的利益。而在两个参与者之间的一个长序列博弈中，问题就转换为如下策略（"一报还一报"策略）是否合理：若对方坚持合作而不认罪，自己就坚持不认罪。这一策略是威慑策略的反面，即不是试图通过用伤害行为惩罚伤害行为来阻止伤害行为，而是试图通过对己既有益又有代价的行为，来回报对方同样的既有益又有代价的行为。再次可以证明：在这样一个博弈序列的第一个博弈中，选择有益回报策略是合理的，当且仅当，这样做不是合理的。[8]

最后，同样的问题也出现在霍奇森（D. H. Hodgson）和里根（D. Regan）的争论之中：假定某人是理性的行动功利主义者这一点是共同体的公共知识，那么在该共同体中，他是否还能为惩罚罪犯提供辩护呢？对于功利主义者来说，每一种惩罚行动都是代价高昂的，因为即使是有罪者的痛苦也会削减总体效用，故每一个孤立考虑的惩罚行动都是不合理的。当且仅当一种行动能阻止潜在罪犯的未来罪行，它才是可证立的。再假设存在某些特定的有限犯罪机会这一点是人们的公共知识，即可以表明，当且仅当在认为这种惩罚是不合理的情况下，这种惩罚才能阻止犯罪。由此可得，相对于行动功利主义者而言，这种惩罚行动是合理的，当且仅当，它是不合理的。

为了理解所有这些案例的基本特征，可诉诸考察盖夫曼的思想实验这个极简单的案例，我已将之改编为如上关于罗威娜和克卢姆纳的故事。为了发现那些支配着我们在该情境中的直觉推理的、看似可信但又不相容的公理和公理模式，我们必须首先澄清在故事中出现的关键表达式的涵义。当我们说"克卢姆纳选择盒子 A 是合理的"之时，我们的意思是：对克卢姆纳而言，在给定其总体认知情境即给定其在实际情境中的总体证据或数据资源的条件下，选择盒子 A 是最优选择（具有最大期望效益）这一点是可证立的。

那么，在给定其认知情境的条件下，我们说克卢姆纳认为某种东西是

"可证立的"究竟意味着什么呢？粗略地说就是：支持该思想的证据强于任何与该思想不相容的证据。为了使这一粗糙的观念严格化，我们需要研发出一种理论，说明一个理性思考者如何处理一个可能含有不可靠信息从而可能是内在不相容的数据集合。[9]仅凭逻辑演绎显然是不够的，因为逻辑演绎所能揭示的只是一些假设之集合所蕴涵的东西，并且当这种集合是不相容集合时，逻辑演绎也能够为我们揭示其不相容性。但是当我们发现正在使用的数据集合是不相容的之后，逻辑演绎并不能告诉我们应该如何去做选择。（假如我们使用的逻辑是经典逻辑，它会"告诉"我们从这样一个不相容集合可以演绎出任何东西，这在实用上显然不是一个合理的回答。）

本书中所处理的"合理可证立性"概念是一个相当特殊的概念，必须与若干可能用同一语词形式表达的其他概念区别开来。我这里感兴趣的是这样的"合理性"（rationality）概念，即其由出现在经济学和相关社会科学之中的"理性经济人"（rational economic man）、"理性政治人"（rational political man）等模型概括而得来。这样一种合理性理论或模型的主要用途是，在给定行动主体适当的数据及价值、目标、欲望等信息资源的条件下，预测主体的选择与行为。

某种程度的理想化，对于这种理论是必不可少的。其中受到错误与偏见影响的假定，可通过增加某些相关的辅助理论来加以处理。同时，该领域的理论进步又在于逐步消除关于行动者的不必要的理想化。从里卡多（R. Ricardo）的无限制全能假设，到理性预期理论中仅假设逻辑与数学全能，再到西蒙（H. Simon）的资源受限理性之论，可以看到一个自然的进程。本书第 I 部分中的合理信念理论的发展与这一进程是平行的，在第 4 章将获致一种资源受限的说明。[10]

5作为理想的思考者，我们必须给我们所依赖的支持信息的不同来源，赋予某种明显的可信赖度，即面对相互冲突数据时的认知韧性之程度。这种可信赖度不能用概率度量来界定，因为它一般不能满足概率演算公理，也无关乎博彩比率那样的东西。概率演算在个体判断中的应用，乃假定个体是"逻辑全能的"，即假定两个不相容命题的概率之和永不超过 1。数据的可信赖度必须诉诸推理的前演绎方面。我们要考虑到这样的情形：其中两个不相容的语句都具有很高的初始可信性或明显的可靠性；如果它们之互不相容并不是直接明显的，这种情形就是可能存在的。当理性推理者通过逻辑分析发现一个数据集合不相容或失调时，就会拒斥该集合中具有较低可信赖度的元素，直到相容性和融贯性得到恢复。

一个推理主体的认知情境，可以简单地通过由该主体发现的一组初始可信的语句，加之对每个这样的语句赋予一种明显可信赖度或认知韧性强度来加以界定。从理想情况说，一个人应该接受从认知上最强的、逻辑上相容的数据子集中逻辑地推出的任何东西。（这种"认知上最强的"子集，粗略地说，就是一个能够保留明显可信赖度的语句最多的子集。）

至此，我们就可以说明盖夫曼悖论背后的原则了。为了简化问题我们假定：那些可证立地接受或相信的对象，都能用某种包含算术语言和一阶语句谓词 $J(x)$ 的形式语言语句来界定，其中 $J(x)$ 表征所接受语句 x（即其哥德尔编码）之可证立性。利用这种装置，我们就可以避开罗威娜-克卢姆纳故事细节的纷扰，因为我们可以利用对角线方法构造一个语句 δ，可证明它等价于（算术中）做如下断言的语句：δ 在克卢姆纳的认知情境中（该情境由相关的加权数据语句集合所界定）不是终极可证立的（ultimately justifiable）。实际上，这样一个语句就是断言其自身在那种情境中不可证立。

显然，其中关于可证立性的第一条原则就是：终极可证立的语句集合，相对于任一认知情境而言，都是在演绎后承关系下封闭的。如果一个语句是终极可证立的，而它又逻辑地蕴涵另一语句，则另一语句也是终极可证立的（即它将在上面所勾勒的过程的某个阶段被接受）。我们称这条原则为"演绎封闭原则"。

所谓"彩票悖论""序言悖论"及一些类似的问题，已使一些人对证立信念的演绎封闭原则产生了怀疑。[11]尤其是那些认为接受-拒绝的黑白式二分法应始终用"同意的程度"度量（主观概率）取代的人，会对这一条原则加以质疑。

然而，上述反思推理的悖论与这些问题无关。首先，这条原则所适用的信念都是算术定理或认知逻辑定理。经验事实的不确定性问题在这里是不相干的。通常，数学公理的概率被赋值为 1，因此关于演绎封闭的要求是没有问题的。进而，即使我们将小于 1 的主观概率分配给算术公理和认知逻辑公理，仍可以构造该悖论的一个变体，即用证立信念度（理性概率）概念取代证立接受的概念，并用关于理性概率相容性的无例外原则取代演绎封闭原则（见第 1.3 节）。

关于可证立性的第二条原则，就是假定所有的算术定理都是可证立的（可称为"算术可证立性原则"）。这一条原则使我们能够断言一个关键的双条件句（即："δ"不是可证立的，当且仅当 δ）在克卢姆纳的认知情境中是可证立的。（原初故事的要点就是要造出这样一个语句："选择盒子 A 是最优的"不是可证立的，当且仅当，选择盒子 A 是最优的。）

第三条原则也是我们（在故事原初的推导中）隐含地假定的，即任何我们可以利用通常的认知逻辑原则加以证明的东西，都在为克卢姆纳所接受的可证立的东西之中。显然，该原则是一条推论规则，它允许我们推出：在我们所构建的认知逻辑系统中可证明的任何东西，相对于任一认知情境都是可证立的。（这条原则通称"必然化规则"。）

第四条也是最后一条原则，是最难从我们关于罗威娜-克卢姆纳故事的非形式推理中提取出来的。作为第一种尝试，我们可以通过添加迭代原则给出导致不相容的逻辑机制：如果某种东西在给定的认知情境中是可证立的，那么在同一种情境中认为它是可证立的这一点也是可证立的。不幸的是，依据之前我们关于终极可证立性的解释，这一条原则并不非常可信（关于这一点更充分的讨论见第 4 章）。

然而，还有另一条认知逻辑原则，在其他假定成立的情况下，足以推导出一种矛盾，并且有很强的直觉支持。我称之为"否定的非迭代原则"：如果某种东西（在特定情境中）是可证立的，那么（在该情境中）认为它不是可证立的这一点不是可证立的。这一原则的换质位表达也许更为明晰：如果认为某种东西不是可证立的是可证立的，则它实际上就不是可证立的。

这种洞见可以很容易地融入前面勾画的可信推理的画面之中。否定的非迭代原则表征了这样一个事实：存在一种与逻辑不相容性有所不同的认知失调，即一个人持有见解 p，但其持有 p 这一点对其自身又不是可证立的。在逻辑分析过程的每一个阶段上，至少 p 和 "p 不是可证立的"这二者之一，在该阶段上是暂时不被相信的。因此，二者都被一个理想的推理者最终接受是不可能的。这是因为，如果它们都被理想的推理者最终接受，在逻辑分析过程中就将有一个阶段，此后二者都继续被理想的推理者所接受，而如我们已看到，这是不可能的。

上述四条原则的不相容性之证明可以呈现如下。首先，假设"δ"是可证立的。据算术可证立性原则，我们知道下面这个条件句：

> 如果δ，则"δ"不是可证立的。

是可证立的，再由演绎封闭原则可推出"'δ'不是可证立的"是可证立的。由此，再据否定的非迭代原则，可推出"δ"不是可证立的，这与我们原先的假定矛盾。故"δ"不是可证立的。

这个最后的结论可置于三个一般的认知逻辑原则基础之上。据必然化规则，我们知道这个结论自身必定在相应的认知情形中是可证立的，就是说"'δ'不是可证立的"是可证立的。而上述论证也清楚表明，推论必然化规则实际上比我们之所需要更强。我们只需使用如下意义的公理模式：演绎封闭、算术可证立性或否定的非迭代原则的任一示例，在每一认知情形下都是可证立的。据算术可证立性原则，我们又知道如下条件句：

> 如果"δ"不是可证立的，则δ。

是可证立的（因它在算术中可证）。据演绎封闭原则，可推出"δ"自身终究又是可证立的。这样，我们就被迫进入了自相矛盾的境地。这个悖论显然与卡普兰和蒙塔古的"知道者悖论"[12]（本书第3章讨论）密切相关。

悖论的重要意义

上面建构的这个悖论具有三重重要意义。

首先，任何试图构建关于证立和信念的形式逻辑的尝试（这是时下人工智能和认知科学研究者，以及哲学家们所广泛关注的工作），都必须考虑这个悖论（以及其他一些相关悖论），正像集合论学者都必须考虑罗素悖论、真理论语义学学者都必须考虑说谎者悖论一样。发现悖论是哲学家最重要的任务之一，因为正是通过这些悖论的发现，使我们觉识到关于

"集合"、"真理"或"证立"等相关概念的素朴理解之不足。

在像罗素悖论和说谎者悖论那样揭示素朴抽象原则之不相容性的涵义上说，一个真正的悖论的发现，绝不仅仅是一个令人惊讶的结果。一个悖论所揭示的，是近乎不可修正的原则之中的不相容性。只有认识到思想或语言的某些本质性局限，才能去消除这种不相容性。说谎者悖论表明，没有足够强大的语言可以在语义上封闭，如果命题（思想对象）具有类似语句的结构，那就不可能存在适用于所有命题的单一的、非相对化的"真理"概念。同样，置信悖论也表明，不可能有这样的"合理可接受性"概念适用于所有命题。

其次，这个悖论的清晰、严格的形式塑造，加之确认它是一个类说谎者二律背反，可以启发在博弈论、道德哲学、社会哲学及经济学中一些迄今未被关联在一起的谜题之进一步研究。如我们所见，这个悖论的反思推理结构已出现在如下问题之中：迭代的囚徒困境博弈中的合作理性问题，行动功利主义威慑的效力问题，以及垄断者掠夺性行为的合理性问题等。没有这个悖论的发现，这些问题仍会以不可避免的特设性方式，分别地加以处理。因为从过于狭窄的范围概括而来，这些孤立性处理已导致了这些问题所涉领域的各种扭曲。（有关问题请参见本书第 2 章和第 7 章的进一步讨论。）

最后，这个关于反思推理的悖论有助于进一步揭示悖论或逻辑二律背反的普遍性现象。发现恶性循环悖论家族的一个新成员具有重要意义，因为它使我们能够检验那些仅仅基于罗素悖论和说谎者悖论所做的关于悖论性的概括。事实上，这个置信悖论为说明某些解决说谎者悖论的方案优于其他解悖方案，提供了强有力的理由。本书第 5 章和第 6 章将表明，处理说谎者悖论的语境迟钝方案并不能适当地转换到处理置信悖论，而语境敏感解悖方案却能令人满意地做到这样的转换。

在本书的结语中，我讨论了我的研究结果的一些更深远的意蕴。首先可以断言，一种关于心灵的唯物主义理论，是可以与逻辑二律背反的一种充分的解悖方案相协调的。其次，我指出这种模型对非合作博弈论选择"正确解"概念的启示。最后，我建议用这些悖论生成的"认知盲点"来解释规则和规则遵循的存在，以及相关制度与实践的存在。而论证基于规

则的道义伦理学与决策理论的理性行动者模型的相容性，对伦理学研究也
具有重要意义。

注释

[1] Gaifman (1983)，pp. 150–2.

[2] C. Parsons (1974a).

[3] Burge (1979).

[4] Selten (1978).

[5] Luce and Raiffa (1957)，pp. 100–2; Hardin (1982)，pp. 145–50.

[6] Hodgson (1967)，pp. 38–50，86–8; Regan (1980)，pp. 69–80.

[7] Luce and Raiffa (1957); Hardin (1982).

[8] 经验心理学研究 [如 Rapoport and Chammah (1965)] 表明，在长序列的囚徒困境博弈初始，理性的参与人的确会实行"一报还一报"策略。然而，我主要关心的不是一报还一报实际上是否合理，而是对一报还一报策略的证立。

[9] 请与雷歇尔论"可信性推理"的工作（Rescher，1976）加以比较。

[10] 这种"合理性"应与盖梯尔（E. Gettier）和齐硕姆（R. M. Chisholm）那样的认识论学者所讨论的关于合理证立的律法概念清晰地区分开来。当信念（即使是在认知上被理想化的行动者的信念）被当作知识来说明时，可能需要这样一种律法概念。这也可能是关于信念的伦理学理论所需要的，例如为分析一个人的认知表现是否满足各种认知义务提供辩护程序。我不想贬低这种研究的重要性。事实上，我认为若一个完整的合理信念理论试图描述一个人形成关于自己或他人的知识之合理信念时，就需要借鉴这种研究。然而，这是两种全然不同的合理证立。

[11] Kyburg (1970).

[12] Kaplan and Montague (1960).

第 I 部分
悖论

第 1 章 不含自指的置信悖论

1.1 算子逻辑中的悖论

蒙塔古（R. Montague）[1]与托马森（R. Thomason）[2]在某些认知逻辑 13
与置信逻辑中发现了类说谎者悖论，从而令人信服地证明，我们只能在不
包含有害自指的语言中表征认知与置信概念。而利用语句算子而不是关于
语句（或其他有着类似语句结构的实体）的谓词来表征有关的认知或置
信概念，便可以做到这一点。

如果构造自指命题（可赋予真值或可置信的对象）是可能的，那么
我们就必须考虑一系列悖论性语句，诸如："本语句不是真的"，"本语句
不是可知的"，"本语句不是合理可置信的"。一个断言其自己不真的语句
通常被称为"说谎者"，这是所谓"伊壁门尼德（Epimenides）悖论"的
传统名字。如果我们假设说谎者语句是真的，那么它就不是真的，因为后
者正是其自身所断言的；但如果我们据此推断说谎者语句不是真的，我们
又要被迫承认它毕竟是真的，因为它的非真性恰为其言之所是。试图给说
谎者语句赋值，迫使人们陷入自相矛盾。内涵主义者则力图从赋值领域中
驱逐自指对象，从而免除这种矛盾。

阿什尔和坎普（H. Kamp）[3]、珀利斯（D. Perlis）[4]已经表明，仅仅
使用这种策略（所谓"内涵主义"路径），尚不足以阻止悖论的形成。如
果某种语言包含了一个二元谓词，该二元谓词表征语句与语句所表达的命
题之间的关系，则仍可以在一个内涵主义的逻辑中构造出置信悖论；或者
某种语言包含了珀利斯的代换算子 Sub(P,Q,A)，它等价于对公式 P 中的

14 公式 A 的所有出现（最后一次出现除外）都代换以公式 Q，则亦可获得同样的结果。不过，内涵主义者可以合理地回应说，为了避免不相容性（自相矛盾），禁止这样的表达式只是不得不付出的一个小代价。

　　然而，如果我们能够表明，置信悖论的某些变体可以不依赖于有害的自指而存在，则内涵主义者的整个策略就瓦解了。这样，我们就必须用其他方式来避免这些悖论或使之变得无害。它们将不再能提供任何理由，使我们放弃那些用来表征信念对象的语法或表征方式。这正是本章所要从事的工作。

　　下面，我将为托马森的"理想可证立悖论"（或称"合理可证立悖论"）构建一个变体，其中使用的是模态逻辑而不依赖于自指。这个变体中的关键表达式"是合理可证立的"，是一个陈述算子而不是语句谓词。因此，其中形式语言的语义学可使用可能世界集合的方式（如模态逻辑中的克里普克语义学），而不是使用该语言自身的语句来表征证立的对象（即命题）。在这种模态逻辑中，不可能构造出这样一个自指陈述，可以证明它与断言原陈述不可证立的陈述相等价。

　　这样的悖论之构成，依赖于如下可信假定：存在某种认知情境和某语句 p，使得双条件句"$p \leftrightarrow \neg Jp$"所表达的命题在该情境中是可证立的，而且该双条件句命题可证立这一点也是可证立的。在不含哥德尔型自指的情况下，我们不能断言任何这样的双条件句在皮亚诺算术中可证。但是，我们所构造的置信悖论的悖论性并不依赖于这个断言。它仅仅依赖于如下两个事实：上列双条件句是可证立的；断言该双条件句可证立这一点也是可证立的。如果我们能够表明在某些情境中，对某些非自指语句而言，这两个条件之成立是非常可信的，那么这样的情境就会在内涵主义逻辑中构成置信悖论。

　　因此，为了在模态算子逻辑中构造出关于可证立信念的悖论，只要表明对某一命题 p 而言，存在使得如下两个断言均为真的情境就够了，其中 *15* J 是一个陈述算子，代表某一特定"认知情境"中陈述的合理可证立性：

（A1）$J(p \leftrightarrow \neg Jp)$

（A2）$JJ(p \leftrightarrow \neg Jp)$

给定这两个假设，我们就能从包含如下置信公理模式的认知逻辑中推导出矛盾：

(J1) $J\neg J\varphi \rightarrow \neg J\varphi$

(J2) $J\varphi$，若 φ 是逻辑公理

(J3) $J(\varphi \rightarrow \psi) \rightarrow (J\varphi \rightarrow J\psi)$

(J4) $J\varphi$，若 φ 是 (J1)—(J3) 的示例

矛盾可以如此推导出来：

(1) $J(p \leftrightarrow \neg Jp)$	(A1)
(2) $Jp \leftrightarrow J\neg Jp$	(1)，(J3)
(3) $J\neg Jp \rightarrow \neg Jp$	(J1)
(4) $\neg Jp$	(2)，(3)
(5) $J\neg Jp$	(A2)，(J4)，(J2)，(J3)
	(据 (1)—(4) 行)

给定（J2）和（J3），模式（J4）可以替换为必然化规则：如果 φ 是在含有（J1）—（J3）的置信逻辑中从所有元素都是可证立的前提集合有效推得的，则亦可推得 $J\varphi$。因为 $\neg Jp$ 是在这样的逻辑中（由（1）—（4）行所表明）从（A1）有效推得，而（A1）又是可证立的（如（A2）所说），据必然化规则可推得第（5）行。从而有：

(6) Jp	(2)，(5)

模式（J1）—（J4）是蒙塔古和托马森讨论过的一些模式的变形。它们实际上比蒙塔古的模式要弱，其中，（J1）是类蒙塔古模式" $J\varphi \rightarrow \varphi$ "的示例。这与这些模式是用于刻画信念的可证立性，而不是知识的属性这一事实相吻合。同时，我认为在刻画"理想信念"方面，（J1）—（J4）比托马森的模式有了实质性的改进。尤其是模式（J1），它作为理想信念或合理信念的原则，比起我所略去的托马森原则" $J\varphi \rightarrow JJ\varphi$ "和" $J(J\varphi \rightarrow \varphi)$ "，应是更加可信的。

在一篇讨论意外考试悖论的文章中，欧林（D. Olin）讨论了我称之 *16* 为（J1）的原则。她指出：

我们没有理由相信一个具有如下形式的命题："p，但是我相信 p 这一点现在未被证立。"因为，如果 A 这个人相信命题 p 这一点被证立，那么从认识论的角度讲，他不应该因为相信 p 而受到责备。但是，如果 A 相信"我相信 p 这一点未被证立"被证立，那么说他相信 p 就肯定是错的。由此，如果 A 相信"我相信 p 这一点未被证立"被证立，那么他相信 p 这一点就未被证立。[5]

如果一个人有非常充分的理由相信，在他当下的认知情境中接受 p 得不到最终的证立，那么这一事实将瓦解他接受 p 的所有理由。在一个人当下的认知情境中，相信 p 不是终极可证立的，就意味着相信它或者本身是不相容的，或者它与某些数据相抵触，这些数据在他看来比那些支持 p 或看起来支持 p 的数据有更大的置信权重。这样的认识会瓦解一个人对支持 p 的任一论据的信心。这种原则的出现，建立了这种反思推理的悖论与摩尔（G. E. Moore）悖论及意外考试悖论（或称刽子手悖论）的一种有趣的关联。[6]

其他的公理同样没有例外。（J2）和（J3）仅仅保证了在一个情境中合理可证立这一属性是在逻辑衍推下封闭的。如果凯伯格（H. Kyburg）反对"结膜炎"（conjunctivitis）① 的观点[7]说服了你，那么你可以把 $J\varphi$ 解读为 φ 属于相应情境中主观上确定的命题所构成的集合。凯伯格本人也承认，两个主观上确定的命题之合取也是主观上确定的。

模式（J4）则保证某些明显为真的信念逻辑公理在所考虑的情境中是合理可证立的。毫无疑问，如果模式（J1）—（J3）是可以合理辩护的，那么一定存在一个庞大且多样化的认知情境类，使得这些模式的每个示例都是合理可证立的。

我们还需要证明存在这样的情境，对某命题 p 来说，在该情境中（A1）与（A2）这两个假设为真是合乎直觉的。为了证明这一点，我将用到如下两条认识论原则：

---

① 因为 conjunctivitis（结膜炎）和 conjunctive（连词）相像，凯伯格用 conjunctivitis 指称他认为不恰当的连词。

（Ⅰ）在某一认知情境中，若支持某个相容陈述集合 S 的每个元素的证据，比支持任何与 S 不相容的陈述的证据更强，则在该情境中，被 S 的每个元素所表达的命题都是可证立的。

（Ⅱ）存在这样的认知情境，在其中如下形式的陈述之间是相容的，并且支持它们的证据比支持与它们的合取不相容的任一陈述的证据更强：

$p \leftrightarrow \neg Jp$

$J(p \leftrightarrow \neg Jp)$

这两条原则共同蕴涵了（A1）和（A2），因为原则（Ⅱ）简单地表明了上面的两个陈述满足原则（Ⅰ）关于可证立性的条件。而"$p \leftrightarrow \neg Jp$"与"$J(p \leftrightarrow \neg Jp)$"都是可证立的，这正是（A1）与（A2）所说的。通过构建某些呈现相关特征的场景，我先来讨论原则（Ⅱ）的证立。

1.2　悖论性情境

第一则事例改编自（由盖夫曼引述的）施瓦茨（G. Schwartz）所做的一个思想实验。[8]罗威娜向克卢姆纳做如下提议：克卢姆纳可以选择盒子 A（它是空的）和 B（其中有 100 美元）中的一个，但不能两个盒子都选。同时罗威娜向克卢姆纳承诺：如果她就此做出一个不合理的选择，将给她 1 000 美元的奖金。假定二者都是理想的理性人，而且罗威娜总是信守诺言，并且这些事实都是罗威娜和克卢姆纳的公共知识。为了达到我们的目的，可以将主体"做一个不合理的选择"定义为这样一个选择行动，即在其认知情境中该行动不能被证立为最优的。

面对这样的情境，克卢姆纳应该如何回应？若假设选择 A 是不合理的，那么选择 A 就使得克卢姆纳比选择 B 多得 900 美元，这就使选择 A 成为一个应当做的合理行动。反之，若假设选择 A 不是不合理的，那么选择 A 会使克卢姆纳比选择 B 少得 100 美元，因此选择 A 终究又是不合理的。这样，对克卢姆纳来说，选择 A 是不合理的，当且仅当，选择 A 不是不合理的。

18　我们没有理由说克卢姆纳不可以获知这一情境。而如果她获知了这一情境，她就有充分的证据来支持形如 $p \leftrightarrow \neg Jp$ 的语句所表达的命题，其中 p 表示命题：克卢姆纳选择盒子 A 是她最优的行动。这里的 J 与克卢姆纳的认知情境相关（从本质上说该认知情境与我们自己的认知情境是一样的）。如果我们假定克卢姆纳有强有力的证据支持上面的原则（Ⅰ）（如果它是自明的，那么它可以作为自己强有力的证据），考虑到她有强有力的证据支持 $p \leftrightarrow \neg Jp$ 所表达的命题以及该双条件句的明显相容性，那么她也可以有强有力的证据来支持命题 $J(p \leftrightarrow \neg Jp)$。而这里所描述的情境正是原则（Ⅱ）所要求的。

再看另外一个例子，假定 J 相对于我的实际认知情境。令 p 代表命题：我是"合理谦卑的"（这意味着，即便我相信在我现在的情境中每件事情都是合理可证立的，我仍然是谦卑的）。假定我们是这样理解谦卑这一品质的：在给定论据的情况下我是合理谦卑的，当且仅当，对我来说承认我是合理谦卑的不是合理可证立的。我假定任何相信自己拥有这种重要品质（比如谦卑）的人恰恰缺乏这一品质。这样，我们就有一个真的且得到有力支持的 $\neg p \leftrightarrow Jp$ 型论断，从而拥有另一个满足原则（Ⅱ）的场景。

现在再来看原则（Ⅰ）。我认为这是一个非常可信的认识论原则。如果我对于一个断言有非常充分的证据，并且没有证据（或只有非常弱的证据）反对它，那么我就应该接受它。

不过，人们可能会反驳说，我对"终极可证立"概念做出了不相容的要求，因为我同时声称（J1）也是一个可信的认识论原则：

　　　　（J1）$J \neg J\varphi \rightarrow \neg J\varphi$

模式（J1）似乎要求原则（Ⅰ）允许这个例外：如果我认同 $\neg J\varphi$ 得到了证立，那么我认同 φ 就不能同时得到证立；不管我是否有强有力的证据同时支持 $\neg J\varphi$ 与 φ，也不考虑这二者在逻辑上是相容的这一事实。

然而，如果我们假设不可能同时有证据支持形如 φ 与 $\neg J\varphi$ 的断言（其中 J 相对于某人自己的认知情境），那么原则（Ⅰ）与模式（J1）就

19　是相容的。两个如此关联的断言之支持证据是相互冲突的：第二个断言之证据削弱了第一个断言之证据的证据资质。任何真正可以作为形如 $\neg J\varphi$ 断

言的证据，足以削弱在那个认知情境中原本可以强有力地支持 φ 的证据。反之，如果一个情境中存在明显的压倒性证据支持 φ，那么对这一事实的反思便构成拒斥"φ 不是终极可证立的"这一断言的决定性证据。

最后，作为对于原则（Ⅰ）和（Ⅱ）的一个替代，我可以利用第三个认识论原则：

> （Ⅲ）如果 φ 在情境 E 中是可证立的，而 E' 与 E 的差异只在于 E' 有更多的证据支持 φ，那么 φ 在 E' 中就是可证立的。

在罗威娜-克卢姆纳事例中，我们假设克卢姆纳有明显有力的证据支持如下双条件句：选择该盒子是最优的，当且仅当，在情境 E 中"选择该盒子是最优的"不是可证立的（其中 E 是对于克卢姆纳的认知情境的自指性描述）。假定某人处在情境 E^* 中，E^* 与 E 的唯一区别仅在于 E^* 对（与情境 E 有关的）这个双条件句有较少的证据。与情境 E 不同，情境 E^* 不是自指的。这样我们从假设双条件句在 E^* 中可证立就推不出矛盾。因为依据假设，E^* 中有明显的证据支持这个双条件句，迫使我们承认该双条件句在 E^* 中是可证立的。那么依据原则（Ⅲ），我们又不得不承认该双条件句在 E 中也是可证立的，这就导致了悖论。

1.3　关于概率论解悖方案

到目前为止，我所给出的置信悖论都与何时接受一个命题是合理的有关。人们或许认为，这种悖论的生成依赖于接受-拒绝的黑白式二分法，因此有人希望用相信的程度模式（与概率演算相符合）来取代这种二分，并通过这种方法解决悖论；尤其是若坚持认为人们是以 0 到 1 之间的概率值来相信一个非数学陈述的话，更会诉诸这种路径。事实上，在禁止语法自指的条件下，从这个观点出发重新检验所设定的悖论情境，并不能得到一个非悖论性的解决方案。

我们可以用相应的关于合理性概率的（而不是可证立接受）原则来 *20* 替换导致可证立性悖论的原则。下面的两个模式都是概率演算的结果：

　　（B1）$J(\varphi/\psi) \cdot J(\psi) = J(\varphi\&\psi)$

（B2）$J\varphi + J\neg\varphi = 1$

$J\varphi$ 是一个函数算子，当应用于陈述 φ 的时候，会得到一个 0 到 1 之间的实数，该算子代表了在相关认知情境中 φ 的合理性概率。

我们也需要一个原则来表达一阶与二阶概率之间的关系。我把如下的（B3）称为"米勒原则"，因为它出自米勒（D. Miller）的一篇文章[9]：

（B3）$J(\varphi/J\varphi \geq x) \geq x$

（B3′）是米勒原则的等价形式：

（B3′）$J(\varphi/J\varphi \leq x) \leq x$

如果 $0 < x < 1$，我们可以在 B3 中用 > 代替 $\geq$，在 B3′ 中用 < 代替 $\leq$。在不等式 $J\varphi > 0$ 的情形中，我们可以使用与之密切相关的原则（B3*）：

（B3*）如果 $J(J\varphi > 0) > 0$，那么 $J\varphi > 0$

一旦确定了相关的概率，断言（B3）之成立只是模式（J4）的推广：如果 φ 被证立，那么"φ 未被证立"当然就未被证立。如果我们将"φ 被证立"解释为"$\neg\varphi$ 的合理性概率是 0"，那么（J4）只是（B3*）的一个示例。

范·弗拉森（B. Van Fraassen）[10] 设计了一个支持原则（B3）的荷兰赌（Dutch Book）论证。该原则也为盖夫曼和斯科姆斯[11] 所赞同。以下是这一论证的简化形式。我们可以假定 $J(J\varphi \geq x) > 0$，因为不这样的话，该条件概率就不确定。使用归谬法思路，假定该条件概率小于 x，那么行动主体很容易招致荷兰赌。该主体会按如下（i）（ii）行事：（i）以正赔率打赌 $J\varphi \geq x$；（ii）在 $J\varphi \geq x$ 的条件下，以赔率 x 条件化反赌 φ。如果 $J\varphi < x$，那么该主体输掉第一赌局，则设定了条件的第二赌局也就取消了。如果该主体赢了第一赌局，那么他就会以赔率 x 打赌 φ（因为满足条件假设 $J\varphi \geq x$），也就是他宁愿以净损失买回第一赌局。如果博彩庄家正确选择了两笔原始赌注间的比例，则该主体必定会蒙受损失。

用概率论语言来改写罗威娜-克卢姆纳故事，我们须给克卢姆纳指定对应于双条件句两个方向的合理的条件概率：p，当且仅当，$Jp \leq 1/2$。（这里 p 代表"对克卢姆纳来说，选择该盒子为最优"。）我用概率论语言"$J_c\varphi > 1/2$"来表示"克卢姆纳接受 φ"。由米勒原则可衍推：

$$J_c(p/J_i p \leq 1/2) \leq 1/2$$
$$J_c(p/J_i p > 1/2) > 1/2$$

这里 i 代表一种特殊的表示方式：每个思想者将其自身代入。这符合自然语言中第一人称单数的使用方式。

令 λ 抽象式 $\lambda xq(x)$ 表征我们假设的克卢姆纳置身于其中的认识论困境的性质。从而，对这个困境的描述可衍推：

$$\forall y(\lambda xq(x)y \rightarrow [p \text{ iff } J_y p \leq 1/2])$$

我们假定克卢姆纳意识到了这种衍推，则有：

$$J_c(p/q(d)\&J_d p \leq 1/2) \approx 1$$
$$J_c(p/q(d)\&J_d p > 1/2) \approx 0$$

其中 d 是一个任意的个体常项。显然，从认识论的角度看，人是有可能处于这个困境中的。因此，对于任一个体常项 d，则有：

$$J_c(q(d)) = \varepsilon，\text{对某个 } \varepsilon > 0$$

进而，需要有证据能确证有个体 d 置身于这样的困境之中，并有证据表明有一个非常聪明、消息灵通的理性主体对 d 提出了相关的要求，并且该主体忠实地履行这些要求。令 $E(d)$ 表征这样的证据，则有：

$$J_c(E(d)/q(d)) = \beta, \qquad \beta \approx 1$$
$$J_c(E(d)/\neg q(d)) = \gamma, \qquad \gamma \approx 0$$

这可由贝叶斯定理 $J_c(q(d)/E(d)) = (\beta \cdot \varepsilon)/[(\beta \cdot \varepsilon) + \gamma \cdot (1-\varepsilon)]$ 衍推得来。因此，如果克卢姆纳获得这样的证据并根据所谓"贝叶斯条件化原则"更新她的概率，她得到的概率函数就是 $J_c(q(d)) = (\beta \cdot \varepsilon)/[(\beta \cdot \varepsilon) + \gamma \cdot (1-\varepsilon)]$，并且有：

$$J_c(p/J_d p \leq 1/2) \geq (\beta \cdot \varepsilon)/[(\beta \cdot \varepsilon) + \gamma \cdot (1-\varepsilon)]$$
$$J_c(p/J_d p > 1/2) < \gamma \cdot (1-\varepsilon)/[(\beta \cdot \varepsilon) + \gamma \cdot (1-\varepsilon)]$$

由假设，第一个条件概率接近于 1（当然也就远高于 1/2）且第二个条件概率接近于 0（远低于 1/2）。

现假定 $d=i$，即克卢姆纳所由以得到这个证据的人就是她自己（并且克卢姆纳意识到这个人就是她自己）。这里存在三种可能性：

（1）克卢姆纳违反了米勒原则。

（2）对所有实践目标而言，克卢姆纳有一个不对称的先验概率函数 $J_c(q(i))$ 为 0；尽管对于所有 $d\neq i$ 来说，$J_c(q(d))$ 是不可忽视的。

（3）克卢姆纳系统地违反了贝叶斯条件化原则。

我已经提到了作为合理性条件的米勒原则。如果我们采纳第（2）种可能，我们就必须做出一个非常奇怪和不可信的假定作为合理性的先决条件。任何先验概率函数满足第（2）种可能的人，实际上就是假定他是唯一被排除在我所描述的困境之外、享受一种独特迷人生活之人。贝叶斯条件化原则实质上与经典概率演算的公理或米勒原则基于同样的函数。刘易斯［David Lewis，据泰勒（Paul Teller）报道］已经为条件化原则构造了一个动态的荷兰赌论证。[12]

在解决意外考试悖论时，欧林[13]和索恩森实际上利用了第（3）种可能，偏离了贝叶斯条件化原则。欧林得出结论，认为我们必须放弃她称为（P5）的认识论原则：

> （P5）如果"A 相信 p_1，…，p_n"被证立，而 p_1，…，p_n 有力地确证 q，A 认识到了这一点，并且没有其他与 q 有关的证据，那么"A 相信 q"就被证立。

如果我们认为"'A 相信 p_1，…，p_n'被证立"意味着 p_1，…，p_n 的概率为 1，那么我们认为"p_1，…，p_n 有力地确证 q"就意味着 q 相对于 p_1，…，p_n 的条件概率为 1，最终我们认为"'A 相信 q'被证立"意味着 A 对 q 的验后概率为 1，那么欧林的（P5）不过是据贝叶斯条件化原则更新后的结论而已。

类似地，通过假定所谓"后承盲点"的存在，索恩森据斥了贝叶斯条件化原则的普适性：

> 给定一个对你来说是后承盲点的命题，你可能知道这个命题，也可能知道它的前提。但你不可能既知道后承盲点又知道它的前提。[14]

　　如果从概率论的角度来解释这一定义，后承盲点就是存在这样一对命题 p 与 q：即使（ⅰ）起初条件概率 $J(p/q)$ 是高的；（ⅱ）进而某人通过观察获知 q，因而 $J(q)$ 的概率为 1；（ⅲ）某人获知不了其他与 p 相关的东西，而 p 的验后概率不可能是高的。断定这样的后承盲点的存在，就意味着断定理想化的理性主体偶尔也会违反贝叶斯条件化原则。

　　欧林-索恩森的解决方案应用于罗威娜-克卢姆纳故事，就会衍推出以下结果：虽然克卢姆纳意识到很可能会有人处于我们所描述的困境中，甚至根据可能的证据 $E(d)$，她还能意识到随机个体 d 置身于这样的困境中的条件概率非常高（远高于 1/2），但是，除非她事实上获得了这样的证据，否则她永远不能断言某个人置身于这种困境中的概率高于 1/2。站在克卢姆纳的立场来看，这显然是不合理的。因此，我相信罗威娜-克卢姆纳的事例是建立在难以否认的合理性原则基础之上的，它在构成一个二律背反的非常强的意义上拥有悖论性特征。

注释

［1］Montague（1963）.

［2］Thomason（1980）.

［3］Asher and Kamp（1986）.

［4］Perlis（1987）.

［5］Olin（1983）.

［6］Ibid.；Wright and Sudbury（1977）.

［7］Kyburg（1970）.

［8］In Gaifman（1983），pp. 150−1.

［9］Miller（1966）.

［10］Van Fraassen（1984）.

［11］Gaifman（1986）；Skyrms（1986）.

［12］Teller（1976）；Gärdenfors（1988）.

［13］Olin（1983）.

［14］Sorensen（1988）.

第 2 章　置信悖论与迭代博弈中的声誉效应

　　博弈论中的所谓贝叶斯进路，旨在寻求每个决策点上对行动主体而言的合理决策，以此作为一个博弈之解。所谓合理决策，就是在给定主体信念的条件下能够使主体效用最大化的决策，而这些信念合理地生成于主体自身所获得的信息。因而，这一进路必定依赖于有关合理信念的形式化理论。[1]这意味着置信悖论可能会出现在某些博弈论所描述的情境之中。在本章中我将论证事实的确如此：所有涉及非重点混合策略的纳什均衡博弈，都会产生置信悖论。我将讨论这种博弈的一个实例，即涉及声誉效应的迭代博弈。

　　本章 2.1 节将探讨迭代博弈中如何正确刻画合理选择的问题，即塞尔顿所谓"连锁店悖论"。在 2.2 节中，这类博弈中的置信悖论将会被分离出来。通过用合理主观概率概念来替换合理信念概念，可以采用概率混合策略的方式来避免这个悖论。2.3 节论证了涉及非重点混合策略的解决方案总体上不能令人满意。2.4 节则表明，假如这样的策略被剔除，置信悖论又会如何回归。2.5 节将索恩森的置信盲点概念和置信悖论概念进行了对比。与我的说明不同的是，索恩森并没有对这些盲点出现的可能性进行解释。

2.1　塞尔顿的声誉悖论

　　博弈理论家已经发现，涉及有穷次重复的非合作博弈会产生某种"悖论"。例如，塞尔顿的连锁店悖论[2]，有穷次囚徒困境博弈问题[3]，以及著名的行动功利主义的惩罚问题[4]。在以上每个案例中，都可以用一个"逆向归纳"论证证明，试图在博弈的早期通过适当行动而建立起合作或惩罚行动的声誉效应是徒劳的，尽管事实上几乎所有人都会同意这样做在直觉上是"合理的"。

塞尔顿的连锁店悖论，导源于博弈论经济学家试图分析和评价垄断者掠夺性行为的合理性。这个名称来源于一个典型案例，即某家公司通过拥有一系列连锁商店，垄断了一个地区的零售市场。为了简化问题，经济学家们做出了一些非现实但无害的假定，特别是关于"公共信念"（"公共知识"的置信类似）里假设垄断者面对着固定数量的潜在竞争对手[5]，每一个潜在的竞争者都只有一次机会进入零售市场，并且这些机会每隔一段时间出现一次。

一旦时机来临，相应的潜在的竞争者不得不决定是否加入与垄断者的竞争。如果他决定进入市场，垄断者就面临一个二选一的决定：（ⅰ）通过掠夺性的定价，将竞争者驱逐出市场，然而代价是巨大的，极可能伤敌一千，自损八百；或者（ⅱ）与竞争者达成一个协议（例如买断），使得竞争者可以获利，垄断者的损失也比第一种选择小。

起初，人们认为理性的垄断者当然会选择第二种代价更小的策略。然而，许多经济学家却认为，这种观点忽略了掠夺性行为对未来潜在的竞争者们的震慑效应。短期来看掠夺性行为花费巨大，但长远来看它阻止了大量潜在的竞争者进入市场，因而对垄断者是更加有利的。

塞尔顿展示了如下的悖论性结果。如果假定有确切数量的潜在的竞争者是公共信念，那么垄断者采取掠夺性行为就是不合理的。很显然，对垄断者而言，如果最后一个潜在的竞争者进入市场，对他进行打击是不合理的，因为接下来再没有竞争者需要去阻止。于是，只要最后一个潜在的竞争者是理性的，他会不顾垄断者曾经的行为而坚持相信垄断者会让自身利益最大化，从而选择进入市场。而既然没有希望阻止最后一个竞争者，垄断者打击倒数第二个竞争者显然也是不合理的。这个论证可以被无穷次重复（用逆向归纳法），证明垄断者打击任一潜在的竞争者都是不合理的。

2.2 声誉博弈中的置信悖论

塞尔顿认为上述结果在如下较弱的意义上具有悖论性：这是博弈论中

一个令人惊讶的、不期而遇的结果。而我要论证的是，该结果具有如下更强意义上的悖论性：这是一个类似于说谎者悖论的关于合理信念的逻辑二律背反。简单起见，假定只有两个潜在的竞争者，无论出于何种考虑，第一个竞争者已经进入市场。假设第一个竞争者进入市场时垄断者对他进行打击的行动是不合理的，那么这种打击行动足以使第二个潜在的竞争者确信，垄断者不追求自身利益最大化，因此也会打击接下来进入市场的自己。假设在这种情况下，第二个竞争者被震慑从而裹足不前，那就会有一个强有力的论证表明，打击第一个竞争者是符合垄断者利益的。一个理智的垄断者对此论证会了然于胸，这使得打击第一个竞争者不再是不合理的行动，从而与我们原初的假定相矛盾。

于是，对垄断者而言，打击第一个竞争者不再是不合理的行动。然而，这也表明垄断者打击第一个竞争者的信念与垄断者是理性人的信念不相容。也就是说，即使垄断者的确打击了第一个竞争者，第二个潜在的竞争者仍然可以合理地相信垄断者是理性人，从而不会打击自己。这样一来，对第一个竞争者的打击行动并没有阻止第二个潜在的竞争者，而这并不符合垄断者的利益。垄断者熟知我们达成结论的所有事实，因此垄断者打击第一个竞争者又是不合理的。

由此可得，垄断者打击第一个竞争者是不合理的，当且仅当，它不是不合理的。令 $J_i p$ 代表参与者 $i(i=m, c)$ 对命题 p 的合理信念，并用 K 表示如下虚拟命题：假如垄断者要打击第一个竞争者，第二个竞争者就会出局。为做逼近性刻画，我们假设垄断者相信 $K \leftrightarrow \neg JcJmK$，也就是说第二个竞争者被吓退了，不进入市场，除非他相信垄断者相信 K。如果垄断者也相信：竞争者相信 JmK，当且仅当，垄断者也会（合理地）相信它，那么垄断者就会得出 $K \leftrightarrow \neg JmJmK$。就像我在别的地方讨论过的那样，任何一个形如 $Jm(K \leftrightarrow \neg JmJmK)$ 的命题都是与一个高度可信的合理信念理论中的公理和规则不相容的[6]：

　　（J1）$J \neg J\varphi \rightarrow \neg J\varphi$

　　（J2）$J\varphi$，若 φ 是一个逻辑公理

　　（J3）$J(\varphi \rightarrow \psi) \rightarrow (J\varphi \rightarrow J\psi)$

（J4）$J\varphi \rightarrow JJ\varphi$

（J5）由 φ 可推出 $J\varphi$

其不相容性可证明如下：

（1）$J(K\leftrightarrow \neg JJK)$	假设
（2）JK	假设
（3）$J\neg JJK$	（1），（2），（J2），（J3）$\{(1),(2)\}$
（4）$\neg JJK$	（3），（J1），$\{(1),(2)\}$
（5）$JK\rightarrow \neg JJK$	$\{(1)\}$
（6）$J(K\leftrightarrow \neg JJK)\rightarrow$ $[JK\rightarrow \neg JJK]$	
（7）$J[J(K\leftrightarrow \neg JJK)\rightarrow$ $[JK\rightarrow \neg JJK]]$	（6），（J5）
（8）$JJ(K\leftrightarrow \neg JJK)$	（1），（J4）$\{(1)\}$
（9）$J(JK\rightarrow \neg JJK)$	（7），（8），（J3）$\{(1)\}$
（10）JJK	假设
（11）$J\neg JJK$	（9），（10），（J3）$\{(1),(10)\}$
（12）$\neg JJK$	（11），（J1）$\{(1)\}$
（13）$J(K\rightarrow \neg JJK)\rightarrow \neg JJK$	
（14）$J[J(K\leftrightarrow \neg JJK)\rightarrow \neg JJK]$	（13），（J5）
（15）$J\neg JJK$	（8），（14），（J3）$\{(1)\}$
（16）JK	（1），（15），（J2），（J3）$\{(1)\}$
（17）JJK	（16），（J4），$\{(1)\}$
（18）$\neg J(K\leftrightarrow \neg JJK)$	归谬律，（1），（12），（17）

28

雷尼（P. Reny）[7]和比奇耶里 C. Bicchieri）[8]曾指出，惩罚会使得参与者的"博弈理论"不相容。这里所谓参与者的"博弈理论"是关于博弈树、关于其他参与者的信念及合理性之假定的一个集合。如果竞争者一开始对垄断者的理性和信念确定无疑，那么给定塞尔顿逆向归纳法论证的可靠性，再加上垄断者必然打击第一个竞争者这样的信息，在竞争者的信念集合中一定会产生不相容。假设如雷尼所述，竞争者对此种不相容的回应是认定垄断者是非理性的（抑或垄断者认为哪怕是一轮博弈，打击行动的收益也是值得的），那么竞争者就会被阻止进入市场。一旦垄断者对此了然于胸，他就会意识到在第一轮博弈中打击行动是合理的，完全可以不考虑逆向归纳论证。但问题是，如果第一轮博弈中打击行动是合理的，又从何得知垄断者的行动与竞争者的理论是不相容的呢？[9]

比奇耶里基于利瓦伊（I. Levi）和伽登佛斯（P. Gärdenførs）[10]的信念修正理论，试图通过限制第二个竞争者对垄断者惩罚行动的回应来解决这个悖论。他指出，竞争者不太可能使用贝叶斯条件化来更新自身的信念。因为此时垄断者打击行动的先验概率为零。（也就是说，它不是一种严格的可能性。）根据利瓦伊的信念修正理论，竞争者应当放弃对他而言几乎没有认知价值的信念。如果上述博弈理论（包括竞争者信念），以及信念修正规则，是两个参与者的初始公共信念，比奇耶里认为竞争者应当放弃他的假定，也就是"参与者总是在各个节点自由地做出选择"[11]。即使受到打击，竞争者应当假定惩罚是无心所为，是"上帝之手"带来的结果，同时也是垄断者在贯彻其真实意图上的失败。竞争者会认为这是一个罕有的例外，因而他不会停止进入市场的步伐。于是，垄断者不应当做反击。逆向归纳论证显然在正常起作用。

但问题在于，假如竞争者对垄断者的理性或者收益函数不是那么确定怎么办？假如垄断者是理性参与者的概率接近1但不等于1怎么办？在垄断者打击的情况下，竞争者就应当依据这个新证据，使用贝叶斯条件概率对自身的信念进行更新。由此，比奇耶里诉诸利瓦伊式信念修正的方略就难以得到证立了。

利瓦伊和比奇耶里并没有考虑到这种可能性，他们根据克雷普斯（D. Kreps）等人的成果[12]表明，一旦对垄断者的理性或收益产生哪怕一丝一毫的怀疑，逆向归纳论证都是无效的。然而，认识到如下这一点也很重要，克雷普斯等人的解决方案主要是依赖于混合策略均衡的使用，在一般情况下即非重点混合策略的使用。

为说明这一点，有必要回顾博弈论中的一些技术细节（尤其是非合作博弈论）。一个"纯策略"是一个函数，是给定参与者根据他所拥有的信息集而做出的决策。（信息集是指博弈中一系列可能状态的汇集，其中参与者之间无差别对待。）混合策略是指纯策略的概率性混合物。纳什均衡是指对于博弈的每一个参与者而言，满足下列条件的策略指派（纯的或者混合的）：已知均衡中另一个参与者的策略，没有对手能够通过改变被指派的策略来获得收益。在纳什均衡状态下，每个参与者的策略都是对对手策略的极佳回应（不必然是最优）（Nash，1951）。

纳什均衡的概念可以用一局非常简单的硬币匹配游戏来例示。每个玩家选择将其掩藏的硬币正面朝上或反面朝上，然后同时揭开。若二者匹 *30* 配，则第一个赢得两便士；若不匹配，则第二个赢。假如已知第一个总是把他的硬币正面朝上，另一个就可以用出反面朝上而持续获胜。因此，第一个玩家的这种纯策略不可能构成纳什均衡的一部分。事实上，这里唯一的纳什均衡就是双方都选择混合策略（1/2，1/2），也就是说，由随机变量所决定，有一半的次数是正面朝上。若其中一个知道另一个使用这种混合策略，那么他不可能通过偏离这种策略来提高获胜的概率。

在纳什均衡中，决定每个参与者混合策略的随机变量都是相互独立的，就好像每个参与者在使用混合策略时，都会私下参照各自的随机装置。奥曼（R. Aumann）[13]近来发展出一个与之紧密相关的观点：在关联均衡中，随机变量不一定是相互独立的。参与者可以通过指定一个共同的随机装置，来关联或协调他们的混合策略。

我把混合策略均衡界定为纳什均衡或者关联均衡，其中至少一个参与者采取混合（非纯）策略。博弈论中有一个基础定理：在混合策略纳什均衡下，任一使用混合策略的参与者对其中的任一纯策略都是无动于衷的，因此对任一由这些纯策略组成的两个混合策略也是无动于衷的。涉及非重点混合策略的纳什均衡是指这样的混合策略，其中参与者不会使用那些具有相等概率的等价纯策略。

关联均衡为每个策略组合都指派一个概率，从而为每个参与者的每个策略都指派了其他参与者策略的概率分布。（简单起见，下面讨论双人博弈。）非重点混合策略的概念也可以扩展为关联均衡。对参与者 1 而言，关联均衡 q 对应于一个非重点混合策略，当且仅当，他的策略 j 与 k 满足：（i）均衡 q 给策略 j 指派 p 分布；（ii）参与者 1 对采用策略 j 回应和采

用策略 k 回应都无感；（ⅲ）参与者 2 有一个策略 m 使得均衡 q 指派不
31 同概率给 (j, m) 和 (k, m)。在许多博弈中，所有关联均衡都包含这
个意义上的非重点混合策略。连锁店悖论亦复如是。因此，接下来所论
证的针对涉及非重点混合策略均衡的批评，也适用于具有如此属性的关
联均衡。

2.3 对混合策略均衡的批评

很难为在博弈求解过程中使用混合策略均衡进行辩护。问题在于，在
混合策略均衡中，每一个拥有混合策略的参与者，在其均衡策略中涉及的
任何纯策略之间，以及在这些纯策略中的随机分布之间，都处于完全无差
别的状态。尽管其没有理由偏爱均衡策略中的任一策略，同时也没有理由
从众多可提供的无值策略中来选择一个均衡策略。这个事实使得混合策略
均衡被称为"弱均衡"。但是在大多数情况下，除非另一个参与者非常自
信地预料到对方选择的均衡策略正好是纯策略的正确比例混合，否则博弈
就会偏离均衡。

在某些特殊情况下，这样的混合策略均衡是有意义的。首先，某些混
合策略是重点策略，其中每一纯策略都被指派了同等概率。因而有理由认
为，一个对诸多可能行动完全无感的参与者，对于实施它们中的任何一
个，都会有均等的概率。尽管如此，大部分的混合策略均衡仍然包含非重
点混合策略。

另一种有意义的混合策略情形是指根据正确的概率分布，审慎随机化
可以作为参与者的合理行动被激发出来。一个这样的例子是常和博弈，其
中唯一的均衡策略（在此例中是最大值策略）是一个混合策略。在常和
博弈中，如果另一个参与者能够预测到你将会以某种方式偏离平衡，他可
能会利用这一点来将你击败。为了确保其他参与者不管在多么了解你的心
理特质的情况下，对你未来行动的预测都不会比均衡概率分布更精确，你
有足够的理由求助于一个随机装置以便校准到正确的概率。

32   然而，在非常和博弈中，你甚至可以期望从被认为是即将偏离平衡的
混合策略中获益。例如，舒比克（M. Shubik）讨论了以下案例：

	C_1	C_2
R_1	−9，+9	+9，−10
R_2	+10，−9	−10，+10

　　混合策略（0.5，0.5）是唯一的纳什均衡，这使得每个参与者的期望收益为零。比如假设罗威娜偏离到（0.51，0.49），如果克卢姆纳没有预料到这个偏离，那么罗威娜的期望收益仍然是零。① 但是，假如克卢姆纳确实预料到了偏离，那么其最佳响应应当是选择概率为 1 的 C_1，从而使克卢姆纳的预期收益为 +0.18，罗威娜的期望收益为 +0.31。这样，正如舒比克所断言，"如果这种偏离没有被发现则无关紧要，如果被发现，另一方的自然反应则对双方都有利"[14]。

　　索贝尔（J. H. Sobel）也认为，目前的博弈论并没有为只有混合策略均衡的博弈提供令人满意的解决方案。[15]考虑对之前只涉及混合策略均衡的博弈做一些修正：

	C_1	C_2
R_1	+1，−2	−2，+2
R_2	−3，+5	+6，−1

罗威娜的唯一平衡是（2/3，1/3），克卢姆纳的唯一平衡也是（2/3，1/3）。索贝尔认为这个博弈不能解决"超理性"效用最大化的问题。

　　假设这种结构在平衡状态下消解，那么（$2/3R_1$，$1/3R_2$）就由罗威娜（据决策指导原则）所选定，并且比其他任何对其开放的策略具有更大的已知期望效用（也就是说，期望效用至少与其他选择一样大）。而克卢姆纳知道这一点：在一个超理性团体中没有私人的相关信息。因此，克卢姆纳会预计（$2/3R_1$，$1/3R_2$）。也就是说，克卢姆纳对每种策略的预期效用，不管是纯策略还是混合策略，都是 +1。克卢姆纳的原则并没有把（$2/3C_1$，$1/3C_2$）或其他任一策略剔除，同时，克卢姆纳对其自身所采用的策略中立。罗威娜一旦知晓了这些，就会判断出克卢姆纳的每一项策略都具有同等概率。从而是 R_2，而不是混合策略（$2/3R_1$，$1/3R_2$），将具有

---

　　① 作者在这里利用了罗威娜−克卢姆纳故事中两主角名字的昵称与"行"（Row）和"列"（Column）的谐音。

更高的已知期望效用，进而根据罗威娜的原则被选用。[16]

33　　索贝尔提出了一个非常有道理的观点，即在已知另一个参与者没有理由刻意地制造均衡概率分布的情况下，对理性参与者采用特殊的非重点混合策略的期望无法得到合理的解释。

　　哈尔萨尼（J. C. Harsanyi）提出了一个混合策略的再解读，在已知关于博弈情形的某种假定已经得到分析的情况下，它确实使得混合策略均衡成为一个可理解的解决方案。哈尔萨尼表示，一个参与者的混合策略可以被理解为在其他参与者思想中，对他事实上要采取何种行动是不确定的。这种不确定性根植于对该参与者准确的收益函数（或者对博弈情形的其他参数，例如对参与者而言实际上可以采取的行动）的不确定性。哈尔萨尼将他的框架理论称为"不完全信息博弈理论"，意思是参与者并不确切知道他们正在参与什么样的博弈。[17]哈尔萨尼展示了在给定不完全信息的博弈中，如何建构一个理论上等价于完全信息博弈的传统博弈。[18]

　　哈尔萨尼对混合策略均衡的辩护当然是巧妙的，但其范围并不全面。它要求我们假设所讨论的博弈情形是不完全信息的一种。的确，正如哈尔萨尼所主张的，现实生活中的情况是最好的模型，因为在这种情况下，参与者并不确切地知道博弈中的准确参数。然而要说它们总是被模型化得非常好似乎也是不正确的。至少可以想象，一个给定的博弈情形（可供选择的方案，相关参与者的先验概率和收益函数），其参数可能被所有人毫无疑问地知晓。我们需要一些关于理性参与者如何应对这种情况的理论。[19]

　　此外，哈尔萨尼的理论要求所涉及的不确定性是非常特殊的一类。它
34 必须表示为某个随机变量上的连续概率分布。相反，如果所有参与者头脑中的不确定性只能表示为有穷多个命题上的概率值分布，那么预期一般不会收敛于纳什均衡。例如，假设其他参与者不确定参与者 i 的收益函数，但他们认为其收益函数是 U_1、U_2、U_3、U_4 中的一个，每种可能性的概率是 0.25。再假设博弈中唯一的纳什均衡给 i 分配了混合策略（$2/3$，$1/3$），由于 $1/3$ 不是 0.25 的倍数，哈尔萨尼的程序不能使另一个参与者达到 i 的纯策略上维持均衡的概率分布。[20]

　　为了理解这一点，再审视一下之前研究的混合策略均衡博弈。令罗威娜扮演参与者 i 的角色：

	C_1	C_2
R_1	$+1+\varepsilon$，-2	-2，$+2$
R_2	-3，$+5$	$+6$，-1

可能的支付函数 U_1、U_2、U_3、U_4 分别赋值为 -0.2、-0.1、$+0.1$、$+0.2$ 到 ε 的每个收益函数。罗威娜指派每个支付函数的概率都是 0.25。对克卢姆纳而言，唯一的混合策略对应于罗威娜的可能概率分布是（0，1）、（0.25，0.75）、（0.5，0.5）、（0.75，0.25）和（1，0），取决于有多少 U_n 的克卢姆纳结论将导致罗威娜选择 R_1。均衡策略（$2/3$，$1/3$）不包含在内。能得到的最接近概率分布是（0.5，0.5）和（0.75，0.25）。但如果克卢姆纳的概率分布是（0.5，0.5），那么无论支付函数是 U_1、U_2、U_3 还是 U_4，克卢姆纳对 C_1 的最佳回应（以较大优势）都是 C_2。与之类似，如果克卢姆纳的分布是（0.75，0.25），那么罗威娜的最佳回应是 C_2，而克卢姆纳对 C_2 的最佳回应是 R_1，与 U_n 无关。对均衡分布的逼近并不是逼近平衡本身所具有的那种稳定性。[21]

2.4 悖论的概率版本

我将说明克雷普斯等人的解决方案是如何依赖于非重点混合策略的。下面是一个两阶段连锁店博弈的博弈树：

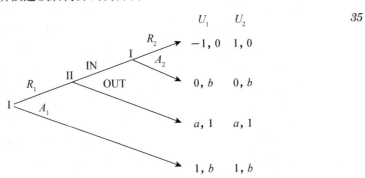

令 U_1 表示垄断者和第二个竞争者的实际支付，U_2 表示对垄断者的不同支付，使得垄断者在第二个竞争者进入时对其进行报复是值得的。U_1

和 U_2 是第二个竞争者想出的关于博弈结构的两个假设。U_1 的竞争对手其初始概率是 $1-\varepsilon$，与 ε 接近但不等于零。

在下面的论证中，我不假设参与者共享一个公共的先验概率函数，甚至不认为每个参与者都知道另一个参与者的先验概率。事实上，我并不认为每个参与者都知道自己的概率函数。许多经济学文献处理概率时都做出了这些假设（尤其是最后一个），最后一个假设是概率语义的结果，已经成为经济学家的标准语义，即萨维奇信息划分理论。这种标准的语义迫使我们假设了一种参与者的完美内省：每个参与者都确切地知道其信息分区中的哪个成员包含了世界的实际状态，因此知道自己在现实世界中的验后概率函数。一些经济学家，在不了解其他语义学的情况下，没有意识到他们正在使用它做一个实质性的理论假设。

标准的信息划分语义保证所有的高阶概率都是平凡的：令算子 P 表示给定参与者在既定状态下的概率函数，那么 $P(P(\varphi)>k)$ 总是要么为 0，要么为 1。如果我们不采用标准的语义，而只是要求对于每个参与者 i 和每个状态 w 在某个世界 A 的集合上定义一个概率函数 P，那么我们就打开了非平凡高阶概率之可能性，只要我们不要求在 A 的非常状态下把相同的 *36* 概率函数 P 赋给 i。这是更为普遍的进路，我接下来也会采用。当然，我用这种非常弱的博弈论证明的结果，在更强的标准假设下会更有说服力。

令 K 表示虚拟条件句"如果垄断者采用 R_1，第二个竞争者就出局"。如果对垄断者而言 K 的概率大于 $1/a$，那么垄断者应当使用 R_1 的策略，如果 K 的概率小于 $1/a$，那么垄断者应该选择 A_1，否则，垄断者就应该无动于衷。如果垄断者确实采用 R_1，那么竞争者在其验后概率 U_1 大于 $1/b$ 时应该选择进入。假如验后概率小于 $1/b$ 时，竞争者应该出局，否则就无动于衷。假设第二个竞争者采用贝叶斯条件化进行更新，在他的先验概率 $P_2(U_1/R_1)$ 大于 $1/b$ 时，他应该选择进入。

克雷普斯等人的解决方案涉及以下均衡。垄断者用概率 $\varepsilon/(1-\varepsilon)(b-1)$ 来采用 R_1，竞争者用概率 $1/a$ 选择出局。给定竞争者的混合策略，垄断者显然无所谓选择 R_1 还是 A_1。根据贝叶斯定理可以推导出这样一个结果，竞争者的概率 $P_2(U_1/R_1)$ 等于 $1/b$，所以竞争者无所谓选择进入或者出局：

$$P(U_1/R_1) = P(U_1) \cdot P(R_1/U_1)$$

$$[P(U_1) \cdot P(R_1/U_1) + P(\neg U_1) \cdot P(R_1/\neg U_1)]$$

$$= (1-\varepsilon) \cdot P(R_1/U_1)/[(1-\varepsilon) \cdot P(R_1/U_1) + \varepsilon \cdot 1]$$

$$= 1/b$$

如果 $1/a$ 或者 $\varepsilon/(1-\varepsilon)(b-1)$ 不等于 $1/2$，那么这个解就是一个非重点混合策略均衡。假如我们剔除非重点均衡，例如，通过运作使参与者对博弈树的结构不再有任何的疑问，或者采用严厉的惩罚使参与者诉诸非重点混合策略，那么就可以建构起逆向归纳的概率论版本。

假如两个参与者都了解博弈情形（包括禁止使用非重点策略），那么下面的概率陈述为真（其中 P_1 代表垄断者的先验概率，P_2 代表第二个竞争者的先验概率）：

37

（1）$P_1(K/P_2(U_1/R_1) > 1/b) = 0$

（2）$P_1(K/P_2(U_1/R_1) < 1/b) = 1$

（3）$P_1(K/P_2(U_1/R_1) = 1/b) = 1/2$

（4）$P_2(U_1/R_1 \& P_1(K) > 1/a) = 1-\varepsilon$

（5）$P_2(U_1/R_1 \& P_1(K) < 1/a) = 0$

（6）$P_2(U_1/R_1 \& P_1(K) = 1/a) = (1-\varepsilon)/(1+\varepsilon)$

陈述（1）和（2）反映了垄断者确信对竞争者而言，假如某一策略是唯一能使效用最大化的方式，那么他将会采取这种策略。陈述（3）通过禁止使用非重点混合策略得以证立。如果竞争对手是中立的，那么他选择任一纯策略的概率是 $1/2$。陈述（4）是这样一个事实的后果，如果 $P_2(U_1/R_1) = 1$，那么 $P_2(U_1/R_1) = P_2(U_1)$。陈述（5）则是这样一个事实的后果，如果 $P_2(R_1/U_1) = 0$，那么 $P_2(U_1/R_1) = 0$。最后，若给定 $P_2(R_1/U_1 \& P_1(K) = 1/a) = 1/2$（再次反映了对非重点策略的禁止），则陈述（6）就是贝叶斯定理的一个推论。

如果我们假设垄断者确信陈述（4）—（6），并且确定 $P_1(\varphi) = P_2(\varphi)$（每当 φ 是 P_1 的公式）[22]，那么可以证实陈述（1）—（3）与高阶概率理论的一个基本原则相冲突，即所谓"米勒原则"[23]。该原则可以用一般形式表述如下：

（M）如果 $P(P(\varphi)\geq x\&\psi)\neq 0$，那么 $P(\varphi/P(\varphi)\geq x\&\psi)\geq x$，其中 ψ 是概率公式的任一合取。[24]

米勒原则与前面介绍的公理模式 R_1 非常相似。

现在我将证明（1）—（3）的每一个陈述都与米勒原则相矛盾。因为我们假设垄断者确定当 φ 是一个 P_1 公式时，$P_1(\varphi)=P_2(\varphi)$，可以在整个论证中用 P_1 代替 P_2。为了简单起见，我将使用 P。根据垄断者对陈述（4）—（6）的确定性把握，我们可以将陈述（1）—（3）中的表达式 $P(U_1/R_1)$ 替换为以下等价表达式：

$$
\begin{aligned}
P(U_1/R_1) &= P(U_1/R_1\&P(K)>1/a)\cdot P(P(K)>1/a) \\
&\quad + P(U_1/R_1\&P(K)<1/a)\cdot P(P(K)<1/a) \\
&\quad + P(U_1/R_1\&P(K)=1/a)\cdot P(P(K)=1/a) \\
&= (1-\varepsilon)\cdot P(P(K)>1/a)+0\cdot P(P(K)<1/a) \\
&\quad + (1-\varepsilon)/(1+\varepsilon)\cdot P(P(K)=1/a) \\
&= P(P(K)>1/a)\cdot(1-\varepsilon) \\
&\quad + P(P(K)=1/a)\cdot(1-\varepsilon)/(1+\varepsilon)
\end{aligned}
$$

38　　　　令 Q 表示 $P(P(K)>1/a)\cdot(1-\varepsilon)+P(P(K)=1/a)\cdot(1-\varepsilon)/(1+\varepsilon)$ 的数量，则命题 $P(U_1/R_1)<1/b$ 可以被命题 $Q<1/b$ 取代，同理适用于命题 $P(U_1/R_1)>1/b(K_1)$ 以及 $P(U_1/R_1)=1/b(K_2)$。这样，陈述（1）—（3）可以这样重述：

（1）$P(K/Q>1/b)=0$

（2）$P(K/Q<1/b)=1$

（3）$P(K/Q=1/b)=1/2$

我们先来讨论陈述（1）。假设 $\varepsilon>0$，概率演算确保如果 $Q>1/b$，那么 $P(P(K)<1/a)<1-1/b(1-\varepsilon)$，于是有 $P(P(K)\geq 1/a)>1/b(1-\varepsilon)$。此外，利用概率的标准规则，可以计算出：

$$
\begin{aligned}
P(K/Q>1/b) &\geq P(K/Q>1/b\&P(K)\geq 1/a)\cdot P(P(K) \\
&\geq 1/a/Q>1/b)\geq P(K/Q>1/b\&P(K)\geq 1/a) \\
&\quad \cdot P(P(K)\geq 1/a/Q>1/b\&P(P(K)\geq 1/a)>1/b(1-\varepsilon))
\end{aligned}
$$

假设 $P(Q) > 1/b > 0$，根据米勒原则可得：

（ⅰ）$P(K/Q > 1/b \& P(K) \geqslant 1/a) \geqslant 1/a$

（ⅱ）$P(P(K) \geqslant 1/a/Q > 1/b \& P(P(K) \geqslant 1/a) > 1/b(1-\varepsilon))$
$$> 1/b(1-\varepsilon)$$

因此，$P(K/Q > 1/b) \geqslant 1/a \cdot 1/b(1-\varepsilon)$，显然大于 0。

在陈述（2）的情形中可观察到，若 $Q < 1/b$，则有 $P(P(K) > 1/a) < 1/b(1-\varepsilon)$。由概率论标准规则可得：

$$P(K/Q < 1/b) = P(K/P(K) > 1/a \& Q < 1/b) \cdot P(P(K) > 1/a/Q$$
$$< 1/b \& P(P(K) > 1/a) < 1/b(1-\varepsilon)) + P(K/P(K)$$
$$\leqslant 1/a \& Q < 1/b) \cdot P(P(K) \leqslant 1/a/Q$$
$$< 1/b \& P(P(K) > 1/a) < 1/b(1-\varepsilon))$$

再次，暂时假设 $P(Q) < 1/b > 0$，以下是米勒原则的推论：

（ⅰ）$P(P(K) > 1/a/Q < 1/b) \& P(P(K) > 1/a) < 1/b(1-\varepsilon))$
$$< 1/b(1-\varepsilon)$$

（ⅱ）$P(K/P(K) \leqslant 1/a \& Q < 1/b) \leqslant 1/a$

因此，很容易计算出：

$$P(K/Q < 1/b) \leqslant 1/b(1-\varepsilon) + 1/a \cdot (1 - 1/b(1-\varepsilon))$$
$$= (a + b - b\varepsilon - 1)/ab(1-\varepsilon)$$

$(a + b - b\varepsilon - 1)/ab(1-\varepsilon)$ 的值小于 1（已知 $\varepsilon < 1$），与陈述（2）相矛盾。

通过类似的论证很容易得出，如果 $P(Q = 1/b) > 0$，则有：　　　　*39*

（a）$P(K/Q = 1/b) \geqslant 1/ab(1-\varepsilon)$

（b）$P(K/Q = 1/b) \leqslant (a + b - b\varepsilon - 1)/ab(1-\varepsilon)$

通过选择合适的 a 和 b 值，可以保证 $1/ab(1-\varepsilon) > 1/2$，与陈述（3）相矛盾。

在 $P(K/Q > 1/b)$、$P(K/Q < 1/b)$ 和 $P(K/Q = 1/b)$ 当中，至少有一个条件概率必须被明确界定，因为这三个条件不可能都被赋予零概率。我

已经证明了米勒原则是怎样限制了垄断者的主观概率（同样，也限制了竞争者的主观概率），以至于在一定程度上主观条件概率可以接近真实的或客观的条件概率（包含在陈述(1)—(6)之中）。因此，米勒原则迫使垄断者对这些关键的条件概率做出非常不准确的估计。这些高阶概率约束意味着垄断者对于他所进入的博弈情境的性质有着极其不准确的信念，因为陈述(1)—(3)仅仅是事实博弈树和竞争者概率函数的结果。

2.5 从置信盲点到置信悖论

我已经确定的是，垄断者正在承受和博弈论有关的被索恩森称为置信"盲点"理论的痛苦。[25]命题 p 对某人 x 而言，当 p 可能为真，但 x 不可能合理地相信 p 时，p 是 x 的置信盲点。索恩森分析了非常相同的迭代超级博弈，但我认为，他没有正确地使用他的盲点概念。索恩森认为，当垄断者采取 R_1 后，竞争者对垄断者的理性认识处于盲点。[26]索恩森没有意识到，在博弈开始之前，垄断者已经处于与博弈情形相关的盲点中。从合理信念理论可推出垄断者不可能认识到等值条件句 $K \leftrightarrow \neg JmJmK$ 之为真。

尽管我认为将垄断者的困境归结为涉及置信盲点的困境（在索恩森 40 的意义上）基本上是正确的，但我不认为这种程度的分析可以成为这个问题的最终结论，其理由如下。

令谓词 $M(x)$ 表示我所描述的垄断者所处的那种置信困境状态。满足 $M(x)$ 的性质包括以下特征：

（1）参与者 I 在前述博弈树 U_1 之上。

（2）与之博弈的参与者 II 是一个贝叶斯型理性参与者，相信自己在博弈树 U_1（博弈参与者知道 U_1 是博弈树）中初始概率为 $1 - \varepsilon$，还相信在博弈树 U_2（博弈参与者知道 U_2 是博弈树）中的概率 ε。

（3）与一个通过贝叶斯条件化更新的 II 进行博弈。

（4）与一个相信参与者 I 是贝叶斯型理性参与者的 II 进行博弈。

（5）与之博弈的参与者 II，具有这样的概率函数 P_2，对任何 P_1 公式 φ，满足 $P_1(\varphi) = P_2(\varphi)$。

（6）与之博弈的具有概率函数 P_2 的参与者 II，对 I 的所有基于期望效用最大化的策略，分配相等的概率。

很明显，一个人处于这样的困境之中，这在认知上是可能的。因此，对于一个任意的新常数 c，$P_1(M(c)) = \delta (\delta > 0)$。此外，可以肯定的是，有证据可以表明那个叫 c 的个体正处于这样的困境中。令 $E(c)$ 代表这样的证据，则有：

$$P_1(E(c)/M(c)) = \alpha, \qquad \alpha \approx 1$$
$$P_1(E(c)/\neg M(c)) = \beta, \qquad \beta \approx 0$$

根据贝叶斯定理，这需要 $P_1(M(c)/E(c)) = \delta\alpha/(\delta\alpha + \beta[1 - \delta])$。因此，如果垄断者获取证据 $E(c)$，并通过贝叶斯条件化进行更新，那么这个数值就是验后概率 $P_1(M(c))$。让我们用 γ 简化其数值，则有：$P_1(M(c)) = \gamma$，$\gamma \approx 1$。现在，令 i 表示垄断者思想语言中代表他自己的常数。假设 $c = i$，那么获得的证据是 $E(i)$，即垄断者自身处于困境的证据。用于支持陈述（1）—（3）的论据也支持结论：

（1′）$P_1(K/Q > 1/b \& M(i)) = 0$
（2′）$P_1(K/Q < 1/b \& M(i)) = 1$
（3′）$P_1(K/Q = 1/b \& M(i)) = 1/2$

如果 $P_1(M(i)) = \gamma$，且垄断者通过贝叶斯条件化进行更新，则有：

（1″）$P_1(K/Q > 1/b) \leq 1 - \gamma$
（2″）$P_1(K/Q < 1/b) \geq \gamma$
（3″）$\gamma/2 \leq P_1(K/Q = 1/b) \leq 1 - \gamma/2$

但正如我们所见，米勒原则可能会制约这些条件概率远离这些值。

因此，只有三种可能性：要么（ⅰ）垄断者必须有一个非对称先验概率，使得先验 $P_1(M(i))$ 事实上为零，尽管对于所有的 $c \neq i$，先验概率 $P_1(M(c))$ 是不可忽略的；要么（ⅱ）垄断者违反了贝叶斯条件化的信念更新；要么（ⅲ）垄断者违反了米勒原则。[27] 从最强的可能意义上说，这的确是一种二律背反。

这种二律背反的解决将使我们有足够的渠道来充分地描述这种困境，

而不会使我们自己陷入自相矛盾的境地。在第 7 章，我将利用最近关于说谎者悖论的研究，来对这种悖论困境进行融贯描述。特别地，我将能够准确地解释，为什么在这种情况下一个理性人会被迫违反贝叶斯条件化原则，以及它的非概率性对应物：演绎封闭原则。

奥曼（Aumann，1987）和布兰登伯格、德克尔（Brandenburger and Dekel，1987）已经确定，当参与者的贝叶斯型理性和博弈的其他参数是公共知识时，每个参与者都会从关联均衡中选择一个策略。也就是说，每个参与者都将按照博弈的相关均衡解进行博弈。如果一个博弈有一个扩展的形式（博弈树）涉及声誉效应（如连锁店博弈），并且所有的关联均衡关涉非重点混合策略，那么本章的讨论将使我们有理由相信，这些关联均衡之解均不适用。因此，奥曼和布兰登伯格、德克尔所假定的那种公共知识，无论参与者的信息多么完全，参与者多么理性，在这样的博弈中原则上是不可能存在的。这种不可能性的本质将在本书第 4 章阐明。

注释

［1］See Bacharach（1987），Binmore（1987）and（1988），and Tan and Werlang（1988）.

［2］Selten（1978）.

［3］Luce and Raiffa（1957），pp. 100-2；Hardin（1982），pp. 145-50.

［4］Hodgson（1967），pp. 38-50，86-8；Regan（1980），pp. 69-80.

［5］有人或许认为关于只有有穷数量的竞争者，以及这个数量是公共知识的假定是难以置信的，从而减弱了这个案例作为现实生活情境模型的价值。事实上，它们有现实案例（如核打击策略），其中打击阶段的数量是有穷的和已知的。此外，建构一个极为相似的涉及无穷系列的悖论也是可能的，可以通过引入潜在的竞争者的不确定性，使得垄断者很难决定是否要对早期进入市场的竞争者进行打击。

［6］参见第 1 章。

［7］Reny（1988）.

［8］Bicchieri（1988a，1988b，and 1989）.

［9］同样的批评也适用于佩蒂特和萨格登（Pettit and Sugden，1989）

的解决方案。

［10］Levi（1977）and（1979），Gärdenførs（1978）and（1984）.

［11］Bicchieri（1988a），p. 392.

［12］Kreps，Milgrom，Roberts，and Wilson（1982）；Kreps and Wilson（1982）.

［13］Aumann（1987）.

［14］Shubik（1982），p. 250.

［15］Sobel（1975），p. 682 n4.

［16］Ibid.

［17］Harsanyi（1967−8）.

［18］See also Aumann（1987）.

［19］奥曼（Aumann，1987）推广了哈尔萨尼对混合策略均衡的干涉，将其应用于所有相关参数均为公共知识的博弈。奥曼通过考虑相关均衡性而不是纳什均衡来实现这种推广。与哈尔萨尼一样，奥曼认为一个参与者的混合策略代表了其他参与者对于他将会怎么做的不确定状态。在许多博弈中，如连锁店博弈或舒比克和索贝尔讨论的博弈，所有的相关均衡都包含非重点混合策略。奥曼并没有为其他参与者对相关参与者的行动有如此不对称的期望提供任何合理的理由。如果他们认为，考虑到期望和效用，其在两种策略中是中立的，那么他们为什么要分配不相等的概率给参与者实际执行它们呢？

［20］本段的批评也适用于奥曼（Aumann，1987）的观点。

［21］可参见麦克莱宁（McClennen，1978）对混合均衡的早期研究和斯塔尔（Stahl，1988）对混合策略纳什均衡不稳定性的一些非常复杂的结果。

［22］只涉及数值常数和 P_1 项的方程或不等式。

［23］Miller（1966），参见本书第 1 章。

［24］只涉及数值常数和概率项的方程或不等式。

［25］Sorensen（1988）.

［26］Ibid.，pp. 355−61；also Sorensen（1986）.

［27］参见第 1 章末尾的讨论。

第 3 章　类说谎者认知悖论研究

　　本章考察认知悖论和置信悖论的领域，并探讨它们与说谎者悖论之间的相似性。据此，我将证明前两章所研发的悖论是一个真正的新结果，并揭示将所有这些悖论联系在一起的很强的家族相似性。3.1 节依托于托马森的发现引入了一个悖论，它是卡普兰和蒙塔古的知道者悖论的一个"近亲"，我称之为"否证者悖论"。该悖论为第 1 章和第 2 章的置信悖论与人们更熟悉的知道者悖论之间搭建起了一座重要桥梁。3.2 节把构成置信悖论和认知悖论的定理与哥德尔及勒伯的定理做了比较分析。最后，3.3 节使用标准模态逻辑来阐明这些悖论（包括说谎者悖论）的共同基础，并且将这些悖论归入到相应的子类之中。

3.1　否证者悖论

　　否证者悖论并不是一个新的形式结果，而是对一个著名结果的重新解释，这个著名结果就是卡普兰和蒙塔古的"知道者悖论"，是在他们的论文"A Paradox Regained"[1]中讨论获得的。我将运用这个形式结果的一个新的变体，这个变体是由托马森[2]所开发的。在本节中我建议通过用"主观可证性"概念替换"知识"概念来重新解释这个形式悖论，这一点我将在讨论过程中适当的地方加以说明。

　　哥德尔在 1931 年表明了如何运用数论去建造一个语形的形式理论。他的方法可以被推广到给任何其内在结构映射一种语言之语句的内在结构的命题域提供"语形"。哥德尔首先定义了所考察语言的表达式的数字编码，然后他表明如何在数论中定义那些与熟悉的语形运算相对应的运算，例如：两个公式的合取，在一个公式中用一个项去替代另一个项，等等。哥德尔的成果的一个结论是：任何丰富到足以刻画自然数系统的语言，也就丰富到足以表达其自身的语形。实际上，该语言只需足以表达所谓"鲁滨逊算术"（因 R. Robinson 而得名）的一个一阶的、可有穷公理化的片段即可。

"是给定形式系统（如鲁滨逊算术）的一个证明"这一性质，其自身也是一种语形性质，从而也可以用哥德尔的方法在数论中得到表达。因此，"是一个可证语句（在一个给定系统中）"这一性质也可以通过这种方法定义。对任意形式系统 T，可以定义一个谓词 Bew_T（来自 *beweisbar*，德语中的"可证的"），可证明它恰好适用于 T 中可证语句的哥德尔编码数字。

哥德尔的结果中最重要的东西之一，是所谓"自指引理"。设 L 是一种丰富到足以表达鲁滨逊算术的语言。设想我们已经给 L 的每一个基本符号指派了唯一的数字，并且已经定义了与 L 中任一语形运算相对应的数字运算。这样，L 的任一公式都将被指定一个唯一的数字，即它的"编码"。再设 φ 是 L 的一个公式，令'φ'表示 φ 的编码数字，哥德尔证明了对 L 的任意带有一个自由变元 x 的公式 $\varphi(x)$，都存在一个公式 ψ，使我们可以在鲁滨逊算术中证明双条件句：$\psi \leftrightarrow \varphi('\psi')$。实际上，这样的公式 ψ 是自指的，即它与如下语句是可证地等价的：该语句断定 ψ 的编码具有开公式 $\varphi(x)$ 所表达的性质。

哥德尔自指引理的一个推论是，"真理"在与鲁滨逊算术相容的任一形式系统 T 中都是不可定义的 [一个由塔斯基（Tarski, 1956）独立证明的结果]。运用归谬法，假定我们可以通过开公式 $\tau(x)$ 定义真理，如果 $\tau(x)$ 是对真理的一个适当定义，那么对 L 中的任意语句 ψ，系统 T 应该包含双条件句 $\tau('\psi') \leftrightarrow \psi$（这个条件就是塔斯基的"约定 T"）。但由自指引理可得，存在一个语句 λ，我们可以在鲁滨逊算术中证明双条件句 $\sim\tau('\lambda') \leftrightarrow \lambda$ [令 $\sim\tau(x)$ 是我们对之应用自指引理的开公式]。这样，系统 T 必然是不相容的，因为它既包含 $\sim\tau('\lambda') \leftrightarrow \lambda$，又包含 $\tau('\lambda') \leftrightarrow \lambda$。

蒙塔古（Montague, 1963）推广了塔斯基的结论，表明真理并不是唯

——一种可以通过自指引理显示不可表达性的有趣性质。他证明，如果 T 是满足以下四个条件的形式系统，那么 T 就是不相容的：（i）T 包含鲁滨逊算术的公理；（ii）T 在逻辑蕴涵下封闭；（iii）T 包含蕴涵式 $v('\varphi')\to\varphi$ 的所有示例；（iv）T 包含模式 $v('(v('\varphi')\to\varphi)')$ 的所有示例。我们可以把 $v(x)$ 解释为可知性或必然性。如果某事物是可知的，那么它就是真的，并且这条自明之理的任意示例自身都可能是可知的。为了证明任意这样的系统 T 的不相容性，蒙塔古使用自指引理去构造一个知道者悖论语句 κ，$\kappa\leftrightarrow v('(R\to\sim\kappa)')$，在鲁滨逊算术中（因此在 T 自身中）是可证的，这里的 R 是鲁滨逊算术公理的合取。实际上，语句 κ 断定的是：在假设鲁滨逊算术的情况下，"κ 不是真的"是可证的。因为这个双条件句是鲁滨逊算术的一个定理，所以 $R\to(\kappa\leftrightarrow v('(R\to\sim\kappa)'))$ 在逻辑上是可证的。蒙塔古的结果可以证明如下：

$(1) \vdash_T v('(R\to(\kappa\leftrightarrow v('(R\to\sim\kappa)'))))'$　　条件（ii）

$(2) \vdash_T v('(v('(R\to\sim\kappa)')\to(R\to\sim\kappa))')$　　条件（iv）

$(3) \vdash_T v('(R\to\sim\kappa)')$　　　　　　　　　　　（1）、(2)和条件(ii)

$(4) \vdash_T R\to\sim\kappa$　　　　　　　　　　　　　　（3）和条件（iii）

$(5) \vdash_T \sim\kappa$　　　　　　　　　　　　　　　　（4）和条件（i）、
　　　　　　　　　　　　　　　　　　　　　　　　　（ii）

$(6) \vdash_T \sim v('(R\to\sim\kappa)')$　　　　　　　　　（5）和自指引理及
　　　　　　　　　　　　　　　　　　　　　　　条件(i)、(ii)

$(7) \vdash_T \bot$　　　　　　　　　　　　　　　　　　（3）、(6)和条件(ii)

下面介绍蒙塔古的结果的托马森变体。我们在鲁滨逊算术的语言上添加初始一元谓词 $P(x)$。托马森证明，如果一个理论包含如下模式的任一示例，那么对该语言的任一语句 ψ，它也包含 $P('\psi')$：

（P1）$P'(P'\varphi'\to\varphi)'$

（P2）$P'\varphi'\to P'P'\varphi''$

（P3）$P'\varphi'$，若 φ 是一个逻辑公理

（P4）$P'(\varphi\to\psi)'\to(P'\varphi'\to P'\psi')$

　　（P5）$P'R'$，若 R 是鲁滨逊算术的公理

上述结论可以通过建立与语句 $P'\neg\alpha'$（在 R 中）可证地等价的一个语句 α 来证明：

$$\vdash_R(\alpha\leftrightarrow P'\neg\alpha')$$

由语句逻辑可得，这个双条件句蕴涵如下公式：

$$\vdash_R[(P'\neg\alpha'\rightarrow\neg\alpha)\rightarrow\neg\alpha]$$

由公理（P3）、（P4）和（P5），我们可以运用这个结论得到：

(1) $P'[(P'\neg\alpha'\rightarrow\neg\alpha)\rightarrow\neg\alpha]'$

以下语句是公理（P1）的一个示例：

(2) $P'(P'\neg\alpha'\rightarrow\neg\alpha)'$

由（1）、（2）和公理（P4），可得：

(3) $P'\neg\alpha'$

由（3）和（P2），得：

(4) $P'P'\neg\alpha''$

由（P1）、（P2）、（P3）和双条件句 $\alpha\leftrightarrow P'\neg\alpha'$ 在 R 中可证这一事实，可以证明：

(5) $P'(P'\neg\alpha'\rightarrow\alpha)'$

由（4）、（5）和（P4），我们最终得到：

(6) $P'\alpha'$

由（3）、（6）、（P3）和（P4），我们可以对任一语句 ψ 证明 $P'\psi'$。

在起初的卡普兰-蒙塔古悖论中，谓词 P 被解释为代表"知识"。托马森建议在他的变体中将 P 解释为"理想信念"。为阐明"否证者悖论"，须将 P 解释为表示我称之为"主观（或内在主观）可证性"的概念。

主观可证性不同于哥德尔和证明论所研究的那类可证性或可推导性。因为我并不打算形式化"在 Q 中可证"这一概念，也不打算形式化任意相对于特定系统或演算的可证性概念。说一个语句是主观可证的，我是在说它可以从主观自明的公理通过自明的有效规则而得出。

然而，在这种可证性概念中有一种相对性要素，因为在某一特定时间
对某人（或认知共同体）是主观自明的东西，对其他人（或认知共同体）
47 不一定是自明的，甚至在后面的时间里对同样的人（或认知共同体）也
不必是自明的。这样，可证性（在下文中为简单起见，我将省略修饰词
"主观"）是一个语句与一种认知情境或状况之间的关系。我们可以通过
刻画相对于特定个体或由个体所构成的认知共同体在特定时间的可证性
（隐含地相对于那些个体在那个时间所共有的认知状态），来回避刻画认
知情境的问题。可以想象这样的一幅图景：有这样一些著名的火星人类学
家，他们在某段时间内把人类的某个数学家共同体隔离起来，并从中提取
出对该共同体在该时间来说是自明的所有公理和规则，然后建造一台具有
无限记忆力和计算时间的图灵机，依据这些公理和规则来推演任何可推演
出的东西。

当我将可证性描述成从自明公理通过自明规则推得一个语句的可能
性时，我的意思是在有穷步骤内（构造性地）推导出该语句的可能性。
我并不试图把任何一种无穷程序当作可能的证明。例如，我不会把检查每
个自然数是否具有某种属性，看作描述了一种可以证明或否证所有自然数
都具有该属性的程序（罗塞尔的ω-规则）[3]；我也不会把如下过程看作
证明程序，即把将来某一天对我们或其他有能力的数学家来说新增的自明
真理，补充到现在对我们来说已经是自明的公理集合之中。

自明语句和规则不必被想象成是分析地为真或者原则上不可修正的
（尽管其中可能存在这样的语句或规则）。一时被视作自明的东西或许后
来被完全摒弃（例如，欧几里得的平行公设、弗雷格的素朴概括公理
等）。实际上，我并不在任何非平凡意义上把数学的自明语句说成是先验
的东西。我不必否认它们起源于经验或者凭借观察和实验的科学方法而得
到。正如弗雷格所描述的那样，自明语句是"一般法则，它们自身不需
要，也不可能得到证明"[4]。它们必须是一般法则，而不是关于特殊的可
观察对象的法则，不含有任何自我中心索引或指示代词。因此，它们的
48 自明性可以被数学家共同体的全部成员所共享（因此，像"我想……"
和"我是……"这样的语句在这种意义上就不能被视作自明的）。[5]

进一步讲，自明语句必须具有等于 1 的主观概率，或者至少无限趋近于 1[6]，因为一个数学定理的理性可信度，实际上并不依赖于它由以导出的不同公理的数目，也不依赖于它由以得出的推理步骤的数目。尤其是，只要计算错误的可能性被同等地排除，数学家们就信赖那些通过非常复杂的证明而得到的定理（这些定理依赖于大量的逻辑公理模式的示例，并且由大量的对分离规则和其他推理规则的运用所构成），就像信赖那些通过非常简短的证明得到的定理一样。这个事实只能通过下述方式得到合理刻画：给公理或者推理规则的每一次保真运用的机会，都赋予主观概率 1（或者无限趋近于 1，如果允许无穷小的话）。

最后，与可证语句集合不同，自明语句集合必须是能行可判定的，即是由一种已知的机械程序可判定的。这种机械程序就是去询问一个有能力的数学家，或者如果一个人本身就是有能力的数学家的话，那么就直接去反思自己的直觉。关于究竟什么是当下自明的问题，数学家共同体具有关于我们自身当下感观经验的第一人称权威。

自明性概念的要点是说明数学证明的确定性。如果自明性自身不是被所有有能力的数学家们能行地可认识的，那么对证明的确定性的任何说明都将面临无穷倒退。正如丘奇（A. Church）所论述的那样：

> 请考虑这样的情境……当一个公式序列被提出的时候，如果听者没有确定的方法判定它是不是一个证明，那么在任何情况下，他都可以公正地要求提供这样一个证明，即关于该公式序列是一个证明的证明；而如果不能提供这个附加的证明，则他可以拒绝相信所提出的定理得到了证明。看来，应该把这个附加的证明看作定理的整个证明的一部分（这正是我所强调的）。[7]

因此，证明的集合实际上是依据一个已知机械程序（诉诸有能力的数学家直觉）能行可判定的。证明的集合是能行可判定的，当且仅当，所有自明规则的适用性是可判定的（例如，谓词演算的全部规则的适用性），并且所有自明规则和公理的集合是自身可判定的。因此，自明语句的集合是能行可判定的，而假如我们对一个自明语句的真理性的确信依赖于有一个关于该语句的证明，那么情况就并非如此（可证语句的集合是能行可枚举的，而不是能行可判定的）。这个条件体现了关于"不证自明"的传统观念。[8]

现在我们可以回到对据以推演上述形式结果的那些公理的考察：

（P1）$P'(P'\varphi'\to\varphi)'$

（P2）$P'\varphi'\to P'P'\varphi''$

（P3）$P'\varphi'$，若 φ 是一个逻辑公理

（P4）$P'(\varphi\to\psi)'\to(P'\varphi'\to P'\psi')$

（P5）$P'R'$，若 R 是鲁滨逊算术的公理

我将论证表明，主观可证性语句类，相对于任一有足够经验的理性数学家而言，都将满足所有这五个条件。给定 P 代表某种可证性，则从公理（P3）到（P5）为真是显而易见的。对任何富有经验的数学家直觉而言，一阶逻辑和鲁滨逊算术公理都是主观自明的，从而当然是主观可证的。公理（P4）只是说主观可证的东西之集合在肯定前件规则下是封闭的，这当然是不可否认的。

接下来我要表明一个理性的数学家直觉必满足（P1），其根据就是可以表明以下模式（P*）的任意示例都是自明的：

（P*）$P'\varphi'\to\varphi$

我将通过说明若不给 P* 赋予主观概率 1 是不合理的，来表明 P* 之示例是自明的。换言之，我要证明：

（1）$\mathrm{Prob}[P^*]=1$

由条件概率的定义，得（1）等价于：

（2）$\mathrm{Prob}[\varphi/P'\varphi']=1$，或者 $\mathrm{Prob}[P'\varphi']=0$ [9]

要证明（1），我们只需证明每当一个相关的条件概率得以确定，（2）的第一个析取支就是真的。我将表明：对任意语句 φ，拥有一个在 $P'\varphi'$ 条件下不等于 1 的条件概率，都是不合理的。

我们记得 $P'\varphi'$ 蕴涵着对 φ 的主观概率为 1。这样，可以将（2）的第一个析取支重述为：

（3）Prob $\left[\varphi/(\text{Prob}[\varphi]=1)\right]=1$

（3）就是在概率论中著名的米勒原则（一个广为接受的合理性条件）的一个示例。[10]正如我们在第 2 章中所提到的，一个违反（3）的概率分布对于一个荷兰赌策略来说是脆弱的。如果你在给（3）中的条件概率指派一些不是 1 的其他数字的基础上有条件下注，那么任何与你打赌的人都很容易制造一个荷兰赌。如果最后证明你对 φ 的主观概率不等于 1，那么你这样的有条件下注不能赢得任何东西。如果你对 φ 的主观概率等于 1，那么你将愿意直接下注，这与你有条件下注正好矛盾，当然结果是输。

对（P1）的另一论证基于实际数学经验的例子。哥德尔对由他自己所建立的自指语句为真，但在皮亚诺算术中不可证的非形式论证，就隐含 *51* 地基于对（P*）模式的应用。

如前所述，哥德尔构造了一个自指语句（称之为 *G*），可以在皮亚诺算术中证明它等值于语句 "*G* 在皮亚诺算术中不可证"（更严格的说法是，*G* 的编码具有皮亚诺算术中的可证性之编码的数论性质）。哥德尔通过论证 *G* 在皮亚诺算术中不可证，实际上给出了 *G* 的一种非形式证明。因为倘若 *G* 在皮亚诺算术中可证，那么它就成了简单地可证的（因为皮亚诺算术和一阶逻辑的所有公理都是自明的）；而通过应用（P*）模式的示例，我们可以得出 *G* 本身，由此可得 *G* 在皮亚诺算术中是不可证的，这与原先的假设矛盾。因此，我们已经 ［由（P*）和皮亚诺算术］证明了 *G* 是不可证的，由此即（在皮亚诺算术中）得出了哥德尔语句本身。

人们或可争辩说，哥德尔的论证的合理性并不依赖于（P*）的自明性，而是依赖于一条较弱的原理，即皮亚诺算术中可证的东西实际上都是真的，我们可以将该原理称为模式（P*PA）：

（P*PA）$\text{Prov}_{PA}\,\text{`}\varphi\text{'}\rightarrow\varphi$

然而很明显，可以令人信服地无限重述哥德尔的论证，这实际上正是费弗曼结构所涉及的内容。[11]因为我们可以确信哥德尔语句 *G* 的真理性，故可以将它作为一个新的公理加到皮亚诺算术之中，从而产生一个新系统 PA′，该系统在如下意义下是直观上可靠的：对于任意给定语句 φ，我们都会接受条件句 $\text{Prov}_{PA'}\,\text{`}\varphi\text{'}\rightarrow\varphi$，其中 $\text{Prov}_{PA'}(x)$ 表示在 PA′中的可证性。现在我们可以重复哥德尔的论证，并说服我们自己接受一个新的哥德尔语句 G'。甚至可以使这种迭代进入超穷领域。然而，对这种论证的迭代之所需要比（P*PA）的示例更多。我们需要无穷多不同的公理模式，这些模式的任意一个都要作为每个新理论所由以产生的依据。我发现，相信这些模式当中的每一个独立地自明，这是不可能的。作为数论的非常复杂的语句，如果新公理不是从一个已建立的可靠的公理系统通过一种反思原则而得到，那么这些新公理将远不是明显的。而显而易见，一个单独的蕴涵自指的模式，即（P*），实际上是值得信赖的。每个新增的哥德尔语句，都是依据（P*）从一个在先的哥德尔语句推导出来的，因此，所有哥德尔语句在由皮亚诺算术加（P*）所构成的一个系统之中，都是可证的。

对（P*）的自明性的一个决定性论证将出现在本书的第 4 章。在那里我将表明：一个关于公共知识和博弈论合理性之充分的说明，必须把对（P*）的信赖赋予所有理性行动主体。

公理模式（P2）所说的是，如果某种东西是可证的，那么其可证性也是可证的。因为一个语句是否给定模式的一个示例，这在鲁滨逊算术中是可证的；而一个语句是否从其他两个语句通过肯定前件规则而得到，这在鲁滨逊算术中也是可证的，所以（P2）的合理性依赖于是否每个自明语句的自明性都是自明的。我们已经看到，自明语句集合是由一个已知程序能行可判定的，该程序诉诸有能力的数学家直觉。看来可以合理地设定，对这样的直觉所认可的每一语句，它是如此被认可这一点是自明的，从而它是自明的这一点也是自明的。

无论如何，我难以相信放弃模式（P2）会提供一条逃脱悖论的可行途径，因为（P2）实际上比由它产生悖论性结果所需要的条件强得多。设 $\mathrm{Prov}_S(x)$ 是一个算术谓词，用来编译"在系统 S 中可导出"的性质，而系统 S 由一阶逻辑加模式（P1）的示例构成。则以下模式（P2′）仍然强到足以产生悖论：

$$（\text{P2}′）\ \mathrm{Prov}_S\text{`}\varphi\text{'}\rightarrow P\text{`}P\text{`}\varphi\text{'}\text{'}$$

换言之，导致悖论所需要的条件只是逻辑公理和（P1）的示例之自明性是自明的。

因此，托马森定理似乎表明，任意合理的、富有经验的数学家直觉，都会导致不相容。由于我认为这是一个不可接受的结果，而且我又认为从（P1）到（P5）实质上都是难以否认的，所以我宣称：我们这里有了一个值得像说谎者悖论本身那样引起严肃关注的二律背反。我们可以通过添加公理（P6）而得到一个货真价实的矛盾：

$$（P6）\neg P‘\bot’$$

这里的 ⊥ 代表一个任意的谬论。该悖论的产生并不依赖于将（P6）解释　*53*　为断言我们目前的直观数学系统是相容的，而是依赖于将 P 解释为表征在一个理想的直观数学中的可证性。（P1）到（P6）的不相容性表明，任何满足某些最低限度的合理性要求的直观数学，都是不相容的。

该悖论还有一个更简单的变体。[12] 设 $S(x)$ 表示"名称为 x 的语句是自明的"这个陈述。考虑如下公理：

$$（S1）S‘\alpha’\to S‘S‘\alpha’’$$
$$（S2）\neg S‘\alpha’\to S‘\neg S‘\alpha’’$$
$$（S3）S‘\neg\alpha’\to\neg S‘\alpha’$$

其中'α'代表一个语句的某个标准名称。标准名称包括但不限于数字（被命名语句对应一个固定的哥德尔数）。假设我们也可以通过约定引入标准名称，比如作为一个公开命名仪式的结果。又假设我们引入名称'σ'如下（类似于克里普克的"杰克"）[13]：

$$\sigma：\neg S‘\sigma’$$

一个矛盾马上随之而产生。如果我们假设 σ 是自明的，则由公理（S1）可得 $S‘S‘\sigma’’$；但据 σ = '$\neg S‘\sigma’$'这一事实，又有 $S‘\neg S‘\sigma’’$。因此，σ 不是自明的。而据公理（S2）可得，σ 不是自明的（即 $S‘\neg S‘\sigma’’$）是自明的。但又因为 σ 与'$\neg S‘\sigma’$'完全一样，又可得 σ 是自明的，从而导致矛盾。

我已经讨论并辩护了公理（S1）。而公理（S2）说的是，如果一个语句不是自明的，那么断定它不自明的那个语句（为它使用一个标准名称）便是自明的。以上我对（S1）给出的论证同样适用于（S2）。诉诸充分的数学直觉是判定一个语句是否自明的一种能行程序。如果一个语句不能根据直觉确认，那么它不是自明的这一点必是自明的。正常情况下，这个程

54 序并不包含任何恶性循环，因为一个自指语句是自指的，这一点通常并不是自明的。如果一个语句因包含了一个挑出其自身哥德尔数的限定摹状词来指称自身，则那个摹状词确实挑出该语句自身的哥德尔数这一点，并不是自明的。然而，正如前面的悖论所证明的那样，如果通过引入一个新的标准名称（像克里普克的"杰克"那样）而直接获得一个自指，那么恶性循环就是可能的。

或许可以说，自明的自指的可能性，引入了一种破坏自明语句集合的可判定性的循环性因素。悖论性语句 σ 的存在破坏了我们据以证立（S1）和（S2）的直觉。然而，仅仅指出这个事实并不能解决该悖论。我们需要调和自明的可判定之要求与自明自指之可能性。而这恰恰是该悖论所提出的问题。

公理模式（S3）只不过是说不存在这样的情形：一个语句和它的否定同时是自明的。这个说法与断定我们的素朴证明程序是相容的相比，是一个弱得多的断言。一个语句看上去是自明的，必排除其否定也看上去自明。避免明显的矛盾是合理性的一个基本条件。

3.2 一段历史插曲

我将简短比较 3.1 所讨论的认知悖论和哥德尔与勒伯在早年得到的一些结果。这里涉及谓词 Bew（代表 *beweisbar*），它（通过哥德尔配数技术）表示皮亚诺算术的语言中皮亚诺算术的证明关系。与哥德尔不完备性定理相对应，在认知逻辑当中也存在悖论，这些悖论是通过将哥德尔的 Bew 谓词用表示直觉可证性的初始谓词符号代替而得到的。

例如，可以将哥德尔不完备性定理移植到认知逻辑当中。哥德尔为了得出他的结论而使用了以下关于 Bew 和皮亚诺算术的事实[14]：

（1）如果 $\vdash_{PA} \varphi$，那么 $\vdash_{PA} Bew('\varphi')$

（2）$\vdash_{PA} [Bew('(\varphi \to \psi)') \to (Bew('\varphi') \to Bew('\psi'))]$

（3）$\vdash_{PA}[\text{Bew}(`\varphi') \to \text{Bew}(`\text{Bew}(`\varphi')')]$

依据这三条事实哥德尔证明：除非皮亚诺算术是不相容的，否则 $\neg \text{Bew}(\perp)$ 就不能在其中得到证明。如果我们将 Bew 用初始谓词符号 P 55 （表示直觉可证性）来代替，用一个理论 T 代替 PA，该理论包括 PA 加上支配 P 的扩充的三条公理（这三条公理重述了哥德尔所使用的三条 Bew 的性质），再增加第四条公理，它表示可证的东西是相容的（即谬论⊥不可证），则我们就获得了如下合理的但不相容的原则的一个集合：

（G1）如果$\vdash_T \varphi$，那么$\vdash_T P`\varphi'$（在这里，PA 是 T 的一个子理论）

（G2）$\vdash_T[P`(\varphi \to \psi)' \to (P`\varphi' \to P`\psi')]$

（G3）$\vdash_T[P`\varphi' \to P`P`\varphi'']$

（G4）$\vdash_T \neg P`\perp'$

公理（G2）和（G3）与 3.1 节中所讨论的托马森理论的公理（P4）和（P2）相同。公理（G4）是我们称为（P*）的公理模式的一个示例：

（P*）$P`\varphi' \to \varphi$

如果我们在（P*）中用⊥来代替 φ，由命题逻辑即得（G4）。公理（G1）和（G4）合起来蕴涵着 $P`\neg P`\perp''$，它实际上是托马森的（P1）的一个示例：

（P1）$P`(P`\varphi')'$

再者，如果将⊥在该公式当中用作 φ 的示例，那么我们就得到示例 $P`(P`\perp' \to \perp)'$；并且因为（$P`\perp' \to \perp$）在命题演算中等值于 $\neg P`\perp'$，所以容易表明，（P1）的这个示例等值于 $P`\neg P`\perp''$。

公理（G1）并不是托马森定理的任意假设的一个推论。托马森仅仅需要假设，如果一个语句在皮亚诺算术中是可推导的，或者如果它是（P*）的一个示例，那么该语句就是可证的。（G1）说的是，如果一个语句在由 PA 加上从（G1）到（G4）的示例所构成的系统中是可推导的，那么它就是可证的。我们已经看到，（G4）是（P*）的一个推论，但模式（G1）、（G2）和（G3）既独立于皮亚诺算术又独立于（P*）。可以将（G1）合理地弱化，而无须限制不相容性。设（G1′）是如下规则：

（G1′）如果 $\vdash_{PA}\varphi$，那么 $\vdash_T P'\varphi'$

因为 T 包括 PA，所以（G1′）严格地弱于（G1）。假设 T^* 是由皮亚诺算术加上模式（G1′）、（G2）、（G3）和（G4）（但不是（G1））的所有示例所构成的理论。则由于 T 包含 T^*，所以下面这条公理严格地弱于（G1）：

（G1*）如果 $\vdash_{T^*}\varphi$，那么 $\vdash_T P'\varphi'$

56 然而，（G1*）足以推导出一个矛盾。（G1*）与（G1）相比较有一个优点，即（G1*）不是自指的，而关于（G1）自指的事实可以被认为是对其自身自明性的质疑。

为了推导出悖论，我们使用哥德尔的方法去构造一个语句'α'，使得以下双条件句可以在皮亚诺算术中推导出来：

$\vdash_{PA}[\alpha\leftrightarrow(P'\alpha'\rightarrow\perp)]$

我们可以同时证明 P'α' 和 $\neg P$'α' 如下：

(1) $P'[\alpha\leftrightarrow(P'\alpha'\rightarrow\perp)]'$	(G1*)（或（G1′））
(2) $P'\alpha'\rightarrow P'(P'\alpha'\rightarrow\perp)'$	(1),(G2)
(3) $P'(P'\alpha'\rightarrow\perp)'\rightarrow[P'P'\alpha''\rightarrow P'\perp']$	(G2)
(4) $P'\alpha'\rightarrow P'P'\alpha''$	(G3)
(5) $P'\alpha'\rightarrow P'\perp'$	(2),(3),(4)
(6) $\neg P'\alpha'$	(5),(G4)
(7) $P'(P'\alpha'\rightarrow P'\perp')'$	(1)—(5),(GI*)
(8) $P'\neg P'\alpha''$	(7),(G2),(G4)
(9) $P'\alpha'$	(1),(8),(G2)

然而，（G1）并不是一个非常可信的假设。在 3.1 节中对支持与（G3）所对应的公理的自明性的那个考虑同样支持（G1）。如果一个语句可以被证明，那么可以证明它已经被证明了。这样我们就有了一个独立的并且非常可信的认知悖论，可以称之为"哥德尔悖论"。

哥德尔悖论也可以与卡普兰-蒙塔古悖论进行比较。将卡普兰-蒙塔古悖论的假设置换为我们的记法，可得：

（K1）$\vdash_T P`\varphi'$，若 φ 是一个逻辑公理

（K2）$\vdash_T [P`(\varphi \rightarrow \psi)' \rightarrow (P`\varphi' \rightarrow P`\psi')]$

（K3）$\vdash_T P`(P`\varphi' \rightarrow \varphi)'$

（K4）$\vdash_T P`\varphi' \rightarrow \varphi$

（K5）PA 是 T 的一个子理论

公理模式（K2）与（G2）相同。然而，卡普兰和蒙塔古不需要（G3）的任何对应物。公理（G4）是（K4）［与（P*）相同］的一个示例。这就只剩下（G1）了，它衍推（K1）和（K5），但它仅能衍推（K3）的一个示例［即 $P`(P`\perp' \rightarrow \perp)'$］。同时，从（K1）到（K5）并不衍推（G1）［或（G1*）］。

另一个涉及哥德尔谓词 Bew（可以将它置换到认知悖论中）之性质的相关事实是勒伯的一个定理。[15] 勒伯表明，以下公理模式的集合是不相容的： *57*

（L1）存在某个 σ，满足 $\vdash_T P`(P`\sigma' \rightarrow \sigma)'$ & $\neg P`\sigma'$

（L2）$\vdash_T [P`\varphi' \rightarrow P`P`\varphi'']$

（L3）$\vdash_T P`\varphi'$，若 φ 为一个逻辑公理，

（L4）$\vdash_T [P`(\varphi \rightarrow \psi)' \rightarrow (P`\varphi' \rightarrow P`\psi')]$

（L5）$\vdash_T P`R'$，若 R 为鲁滨逊算术的公理

（L6）$\vdash_T P`\varphi'$，若 φ 为从（L2）到（L5）的一个示例

模式（L2）、（L3）、（L4）和（L5）分别与托马森定理的假设（P2）、（P3）、（P4）和（P5）相同。托马森定理没有与（L6）相对应的假设。然而，模式（L1）却严格地弱于（P1）和（P6）的合取：

（P1）$\vdash_T P`(P`\varphi' \rightarrow \varphi)'$

（P6）$\vdash_T \neg P`\perp'$

（L1）仅仅表明 T 包含模式（P1）的一些示例 σ，使得 T 也包含 $\vdash_T \neg P`\sigma'$。谬误 $\perp$ 是 σ，σ 的存在性由（L1）所断定，这是由（P1）和（P6）的合取衍推出来的。（L1）在两方面是较弱的：其一，它不要求包含在 T 中的（P1）多于一个的示例；其二，它不要求 $\perp$ 特别地是这样的语句，该语句作为一个（P1）示例及其不可证性包含在 T 之中。

勒伯悖论通过建构一个语句 α 而被证明。语句 α 使得双条件句 $\alpha \leftrightarrow$

$[P'\alpha'\to\sigma]$ 在皮亚诺算术中是可证的，这里的 σ 是满足（L1）的一个语句。使用从（L1）到（L6）的公理可以同时证明 $P'\alpha'$ 和 $\neg P'\alpha'$。稍微修改勒伯的假设就产生了一个我称为"哥德尔悖论"的符号化变体。用（L1′）代替（L1），并且用（L6′）代替（L6）：

（L1′）存在一个语句 σ，满足 $\vdash_T \neg P'\alpha'$，

（L6′）$\vdash_T \neg P'\varphi'$，这里的 φ 是从公理（L2）到（L5）的一个示例，或者对一些满足（L1′）的 σ，φ 是语句 $\neg P'\sigma'$

重新考虑哥德尔悖论的证明的第（6）行，我们仍然可以得出一个矛盾：

（6）$\neg P'\alpha'$ （5），（L1′）

（7）$P'\neg P'\alpha''$ （1）—（6），（L6′）

（8）$P'(P'\alpha'\to\sigma)'$ （7），（L3），（L4）

（9）$P'[(P'\alpha'\to\sigma)\to\alpha]'$ （L3），（L4），（L5）

（10）$P'\alpha'$ （8），（9），（L4）

58 （L6′）与（L3）和（L5）合起来对应于（G1*）。（L4）与（G2）完全相同，（L2）与（G3）完全相同。（L1′）仅仅是（G4）存在的一般化：

（G4）$\vdash_T \neg P'\bot'$

因此，（G4）衍推（L1′）。由于 $\bot$ 的特殊性质，在给定从（L2）到（L5）和（L6′）的假设的情况下，（L1′）为真，仅当（G4）为真。如果对某语句 σ，T 包含语句 $\neg P'\sigma'$，则因为 $\bot$ 逻辑蕴涵 σ，并且（L3）和（L4）蕴涵着 P 的扩充在逻辑蕴涵下封闭，所以得 T 包含 $\neg P'\bot'$。这样，勒伯悖论的假设的变体就在逻辑上等价于哥德尔悖论的假设。

3.3　模态逻辑与说谎者悖论

使用模态逻辑有助于理解类说谎者悖论的形式特征。通过替换谓词"……为真"、"……是可知的"和"……是被合理地相信的"等等，通过模态算子并使用标准克里普克模型理论，我们可以考察已经得到的各种

悖论理论之间的关系，也可以发现产生新悖论的秘诀。

正如在第 1 章中所提到的（并且是蒙塔古特别强调的），一个用语句（或类语句表达结构）谓词表达真理概念、合理信念概念或任意概念时不相容的理论，在用模态算子代替这些谓词重新表达后，有可能成为相容的理论。例如，本章所讨论的每一个悖论系统都对应一个相容的模态逻辑系统。因此，我们可以使用模态逻辑来考察相关的语义公理、认知公理和置信公理之间的蕴涵、等价和独立性关系。[16]

所有类说谎者悖论有一个共同的特征：使用一个对角线化的论证来产生一个语句 φ，对于该语句，$\varphi \leftrightarrow \neg P \text{`} \varphi \text{'}$ 可证（这里的谓词 P 代表 "……为真"、"……是可证的" 或任意其他合适的谓词）。对这条算术定理的模态重述将是 $\varphi \leftrightarrow \neg \Box \varphi$。如果我们假设一个算术定理是真的、可知的、可证的、可被合理地相信的等，那么我们应该认识到，这种对角线化确实为我们提供了如下一簇公理模式：

59

$$(L^n) \Box^n(\varphi \leftrightarrow \neg \Box \varphi),\ n \geq 0$$

假设正规模态逻辑 Σ 的定理模式中含有簇（L^n）公式的合取的否定，并设理论 Σ^* 是通过下述方法从 Σ 获得的：（i）把 $\Box$ 置换为语句谓词 P；（ii）给 Σ^* 添加一个该语言的语形公理化；（iii）在必然化规则（由 $\vdash_{\Sigma} \cdot \varphi$ 推得 $\vdash_{\Sigma} \cdot P \text{`} \varphi \text{'}$）下推论封闭。那么，由于以通常的对角线化可产生的类说谎者语句的出现，Σ^* 将是不相容的。因此，存在一种对在这种意义上是 "悖论性" 的模态逻辑系统的精确定义。

一个正规模态逻辑系统是悖论性的，当且仅当它用作一种定理模式的一个有穷析取式的每个析取支都具有如下形式：

$$\Diamond^n(\Box \varphi \leftrightarrow \varphi),\ n \geq 0$$

也可以定义悖论性的一个序列。让我们称一个将 $\varphi \leftrightarrow \varphi$ 作为定理模式的系统为零阶悖论性系统；称一个将 $(\varphi \leftrightarrow \varphi) \vee \Diamond(\varphi \leftrightarrow \varphi)$ 作为定理模式的系统为一阶悖论性系统；称一个将 $(\varphi \leftrightarrow \varphi) \vee \Diamond(\varphi \leftrightarrow \varphi) \vee \Diamond \Diamond(\varphi \leftrightarrow \varphi)$ 作为定理模式的系统为二阶悖论性系统；依次类推。

当把塔斯基的 T 模式重述到模态逻辑当中时，就会产生一个零阶悖论性系统。结果所得的正规模态逻辑具有特征公理模式 $\Box \varphi \leftrightarrow \varphi$。这种系统的任意标准框架的可及关系是同一函数，即任一世界与其自身可及，并且仅与其自身可及。

与卡普兰-蒙塔古悖论、哥德尔悖论和托马森悖论的假设相对应的模态系统都是一阶悖论性系统。它们都将模式 $\diamond(\varphi \leftrightarrow \square \varphi)$ 作为定理。卡普兰-蒙塔古系统的特征公理是：

(T) $\square \varphi \rightarrow \varphi$

(U) $\square(\square \varphi \rightarrow \varphi)$

在一个正规模态逻辑系统之中，（T）的示例（加上必然化规则）可衍推（U）的所有示例。[17]这样，卡普兰-蒙塔古悖论就与我们所熟悉的模态逻辑系统（T）对应。（T）的标准框架中的可及关系是自返的。

托马森的假设与公理模式（U）、（D）和（4）相对应：

(D) $\neg \square \bot$

(4) $\square \varphi \rightarrow \square \square \varphi$

与所得系统（DU4）相对应的标准框架中的可及关系是传递的、持续的，并且是次自返的［即 $\forall x \forall y(Rxy \rightarrow Ryy)$］。这三个条件合起来并不衍推自返性，而自返性衍推持续性和次自返性，但不衍推传递性。哥德尔悖论仅依赖于模式（D）和（4）。在必然化规则出现的情况下，公理模式（U）是多余的。因此，次自返性条件不是必需的。

另一个一阶悖论性系统包含模式（U）和（5c）：

(5c) $\square \varphi \rightarrow \diamond \square \varphi$

与该系统相对应的框架是次自返的，并且具有"弱传递性"：$\forall x \exists y \forall z(Rxy \&(Ryz \rightarrow Rxz))$。与前面的系统一样，该系统是"典范的"，因此是完备的。[18]为了表明系统（U5c）是典范的，我们必须表明典范标准模型是次自返的并且弱传递的。典范标准模型中的世界由语句的极大（U5c）-相容集所构成。首先我将表明，该模型是次自返的。令 α 是一个极大相容集，且 $\Gamma = \{\varphi : \square \varphi \in \alpha\}$。假设存在一个世界 β 满足 $R\alpha\beta$。因此 Γ 是相容的。再设 $\Delta = \{\varphi : \square \varphi \in \beta\}$，可断言 $\Delta \subseteq \beta$。假设 $\varphi \in \Delta$，则 $\square \varphi \in \beta$ 并且 $\square \square \varphi \in \alpha$。由于 α 包含定理（U），故有 $\square(\square \varphi \rightarrow \varphi) \in \alpha$。由公理（K）

和分离规则得 $\square \varphi \in \alpha$。因此，$\varphi \in \beta$。从而可得 $R\beta\beta$。

为了表明（U5c）的典范模型是弱传递的，设 α 是一个极大相容集。设 $\Gamma = \{\varphi : \square\varphi \in \alpha\}$。设 $\Delta = \{\square\varphi : \square\varphi \in \alpha\}$。首先我可断言，$\Gamma$ 和 Δ 分别是相容的。对于 Δ，这一点是很明显的，因为 α 是相容的。对于 Γ，假设 φ 和 $\neg\varphi$ 都属于 Γ，则 $\square \bot \in \alpha$。由公理5c 得 $\diamond \square \bot \in \alpha$。但由（U）得 $\square \neg \square \bot$，故 α 是不相容的，与假设矛盾。接下来我宣称，$\Gamma \cup \Delta$ 是相容的。假设它不相容，则对于某个 φ，有 $\square\varphi \in \alpha$ 并且 $\square \neg \square\varphi \in \alpha$。因为 α 包含公理（5c）和 $\diamond\varphi \in \alpha$，所以 α 是不相容的，与假设矛盾。由林德巴姆引理得，$\Gamma \cup \Delta$ 可以被扩充为一个极大相容集 β，并使得 β 满足 $R\alpha\beta$ 和 $\forall z(R\beta z \rightarrow R\alpha z)$。

当然，最弱的一阶悖论性系统具有唯一的公理模式 $(\varphi \leftrightarrow \square\varphi) \vee$ *61* $\diamond(\varphi \leftrightarrow \square\varphi)$。该公理是否对应于框架上的任何一阶可定义的条件，需要进一步研究来确定。如果对应，那么这类框架的理论的公理化将会为我们提供最弱的并且是完备的一阶悖论性理论。而且，这种公理化或许比 $(\varphi \leftrightarrow \square\varphi) \vee \diamond(\varphi \leftrightarrow \square\varphi)$ 在直觉上更为可信。遗憾的是，我猜想对于该公理的那类框架不是一阶可定义的。在这种情况下，我们所能做的最好的事情就是寻找更弱和更可信的公理集合，它们把该模式作为一条定理。

在第1章中构造的悖论，是我所知道的对应于一个二阶悖论性系统的唯一悖论。该对应系统的唯一公理是（5c），如前所述，它对应于一种弱传递性。正如已经表明的，该系统是典范的。

注释

[1] Kaplan and Montague（1960）.

[2] Thomason（1980）.

[3] Rosser（1937）.

[4] Frege（1978），p. 4.

[5] 然而，那些把返指数学家共同体自身作为其出场状态的索引词（维特根斯坦的"我们"），也可以出现在自明语句之中，因为对共同体的所有成员来说，它们可以有同样的认知地位。例如，像"……对我们（数学家）是自明的东西"这样的表达式就可以出现在自明语句之中。

[6] 参见附录 A 关于如何将主观可证性的概念应用于数学必然真理的论述。

[7] Church (1956), p. 53.

[8] Frege (1978), p. 4, and (1979), p. 205; Aristotle, *Metaphysics* 1005b 10 – 12; and Aquinas, *Summa Theologica*, I-II, Q. 94, A. 2.

[9] 首先，条件式（$P'\varphi' \rightarrow \varphi$）与析取式（$\neg P'\varphi' \vee \varphi$）在逻辑上等价。以下等式都是概率演算的结果：

(4) $\text{Prob}[P'\varphi' \rightarrow \varphi] = \text{Prob}[\neg P'\varphi' \vee \varphi]$

(5) $\text{Prob}[\neg P'\varphi' \vee \varphi] = \text{Prob}[\neg P'\varphi'] + \text{Prob}[\varphi] - \text{Prob}[\neg P'\varphi' \& \varphi]$

条件概率由以下公式定义：

(6) $\text{Prob}[\varphi P'\varphi'] = \text{Prob}[\varphi \& P'\varphi']/\text{Prob}[P'\varphi']$

为证明（1）与（2）逻辑等价，需首先表明（2）蕴涵（1）。如果 $\text{Prob}[P'\varphi']$ 等于 0，那么条件式（$P'\varphi' \rightarrow \varphi$）的概率显然等于 1。设 $\text{Prob}[\varphi/P'\varphi'] = 1$，则有：

(7) $\text{Prob}[\varphi \& P'\varphi'] = \text{Prob}[P'\varphi']$

由概率演算知 $\text{Prob}[\varphi]$ 可以被表达为：

(8) $\text{Prob}[\varphi] = \text{Prob}[\varphi \& P'\varphi'] + \text{Prob}[\varphi \& \neg P'\varphi']$

等式（7）和（8）合起来蕴涵：

(9) $\text{Prob}[\varphi \& \neg P'\varphi'] = \text{Prob}[\varphi] - \text{Prob}[P'\varphi']$

应用（9），再加上（4）和（5），可以证明以下等式：

(10) $\text{Prob}[P'\varphi' \rightarrow \varphi] = \text{Prob}[\neg P'\varphi'] + \text{Prob}[P'\varphi'] = 1$

现再证（1）逻辑蕴涵（2），可从假设 $\text{Prob}[P'\varphi' \rightarrow \varphi]$ 等于 1 开始。由（4）和（5）可得：

(11) $\text{Prob}[\neg P'\varphi'] + \text{Prob}[\varphi] - \text{Prob}[\neg P'\varphi' \& \varphi] = 1$

由（8）和（11）得：

（12）$\text{Prob}\left[\neg\, P\,{}^{\backprime}\varphi\,{}^{\prime}\right] + \text{Prob}\left[\varphi\&P\,{}^{\backprime}\varphi\,{}^{\prime}\right] = 1$

因 $\text{Prob}\left[\neg\, P\,{}^{\backprime}\varphi\,{}^{\prime}\right] = 1 - \text{Prob}\left[P\,{}^{\backprime}\varphi\,{}^{\prime}\right]$，故（12）等值于：

（13）$\text{Prob}\left[P\,{}^{\backprime}\varphi\,{}^{\prime}\right] = \text{Prob}\left[\varphi\&P\,{}^{\backprime}\varphi\,{}^{\prime}\right]$

最后，（13）和（6）蕴涵：$\text{Prob}\left[\varphi/P\,{}^{\backprime}\varphi\,{}^{\prime}\right] = 1$。

［10］Miller（1966）.

［11］Feferman（1962）.

［12］与该悖论非常相似的一个悖论最先由伯奇（Burge，1978）所讨论。又见 Burge（1984）。

［13］克里普克指出［见 Martin（1984），p. 56］："设'杰克'是语句'杰克是简短的'的一个名称，这样，我们就有了一个说它自己简短的语句。我看不出这类'直接'自指有何错误。如果'杰克'本来不是该语言中的一个名称，那么为什么我们不能将它作为我们认为合适的任一实体的名称而引入呢？尤其是，为什么它不可以是标记'杰克是简短的'之（未经解释的）有穷符号序列的一个名称呢？（可以允许将这个序列标记为'亨利'而不是'杰克'吗？这里关于命名的禁令显然是武断的。）在我们的程序中没有恶性循环，因为我们没有必要在命名标记'杰克是简短的'这个符号序列之前解释它。然而，如果我们将它命名为'杰克'，那么它马上变得有意义并且为真。"

［14］实际上，哥德尔并没有使用皮亚诺算术，而是使用了一个更紧密相关的系统 *P*。

［15］Löb（1955）.

［16］本章仅使用正规模态逻辑，即这种模态逻辑包含必然化规则和公理模式（K）：$\square(\varphi\rightarrow\psi)\rightarrow(\square\varphi\rightarrow\square\psi)$。

［17］正规模态逻辑的应用使悖论性理论之间的区别变得模糊不清。例如，在卡普兰-蒙塔古悖论当中，不需要假设语形的公理化自身是可知的，而这个假设在哥德尔悖论和托马森悖论的情形中是必需的。必然化规则在正规模态逻辑当中的出现使我们掩饰了这一区别。

［18］见 Chellas（1984）（pp. 171-74）对标准典范模型的描述。

第 4 章 交互信念的计算性说明

62   我在第 1 章中曾经论证，置信悖论不可能简单地利用某种严格的罗素式或者蒙塔古式类型理论，通过禁止自指而消解。本章拟强化这一论证从而进一步说明，在任何情形中，失去有意义自指能力的代价都是高昂的。我将对表征性或计算性的公共信念或交互信念现象进行阐述，表明生成悖论的那种反思性推理之重要性。

"公共知识"概念出现于多种理论语境之中，诸如语言学（确定指称的语用学）[1]、社会哲学（契约理论）[2]，以及博弈论的某些分支（非合作纳什均衡理论）[3]。更严格地说，这些学科所采用的概念应当描述为"交互信念"更为适当，因为对知识和被证立为真的信念之间的盖梯尔式区分，在这里是完全不相干的。

克拉克（H. H. Clark）和马歇尔（C. R. Marshall）借鉴格赖斯（H. P. Grice）的研究成果，认为交互信念的存在对拥有确定指称表达式的语用学至关重要，比如"我把事情弄得一团糟"或"那只动物"这样的表达式。[4]他们讨论了这样一个小场景——安妮问鲍勃："你今晚在洛茜电影院看过这部电影吗？"令 t 表示"洛茜电影院的电影"，R 表示"*Monkey Business*"——那天晚上在洛茜电影院实际放映的电影。为了使安妮在与鲍勃的对话中恰当地把 t 指到 R，她必须相信鲍勃相信 t 指的是 R，且鲍勃相信安妮相信 t 指的是 R，鲍勃相信安妮相信他相信她相信 t 指的是 R，以此类推，以至无穷。[5]

63   类似地，刘易斯认为，要使行动规则 B 成为真正的契约，就必须有一个交互信念，即每个人都遵循 B。[6]例如，假设每个人都在右边开车，是因为每个人都期望其他人都在右边开车。但是如果每个人都有这样的错

误信念 F: 除了我, 每个人都是无理由地习惯于在右边开车, 不管其他人怎么做, 都会继续在右边开车。刘易斯指出, 在这样的条件下, 在右边开车就不会成为契约。同样, 即使没有人真的有错误信念 F, 但是每个人都相信其他人有这样的错误信念, 那么规则 B 仍然不可能成为契约。要成为契约, B 必须是交互信念。

关于信念和其他命题态度的形式理论可分为两大类: 计算性说明和非计算性说明。对这些态度的非计算性说明, 假定态度的对象是关于世界的一些信息 (或准信息), 在这些信息中, 逻辑上等价或其他必然等值的语句, 被视为与同样的信息相对应。由于这个原因, 非计算性说明在一个抽象的层次上运作, 在这样的层次上, 计算问题消失, 该理论所描述的人类心智在逻辑上和数学上是全能的。这种描述的典型是以克里普克的可能世界语义学为基础, 由欣迪卡 (J. Hintikka) 开发出的信念和知识理论。[7]经济学家奥曼沿着这种思路, 首次构建了关于公共知识的论述。[8]

本章中我将发展出一种对交互信念的计算性说明。在对态度的计算性说明中, 态度的对象被视为具有一种映射在语句的语法结构上的结构。因此, 一个计算性说明, 并不承诺把人类心智视为逻辑全能或者数学全能的, 这种描述可以用一种直接和自然的方式处理计算易解性 (computational tractability) 问题。卡尔纳普 (R. Carnap)[9]、戴维森 (H. Davidson)[10]、康诺利奇 (K. Konolige)[11]、坎普和阿什尔 (Kamp and Asher)[12]发展了关于态度的计算理论。蒙塔古和卡普兰[13]发现了一个与塔斯基 "说谎者悖论" 版本类似的悖论, 这个悖论困扰着知识的计算性理论, 使得他们和其他一些人, 比如托马森[14], 以此为由一起放弃计算性说明。我们将在本章的后半部分遇到卡普兰-蒙塔古悖论的一个变体, 在这里我将要说明, 近期关于 "说谎者悖论" 的解决工作, 为我们开辟了一条不损害计算性方法的道路。

64

4.1　两个问题

交互信念理论的要点, 是描述那些相信某一命题是某个团体成员的交互信念的人之心智状态。交互信念的计算性理论必须解释，给定信息输入的一个有穷集合，一个思考者如何在有穷的时间和有穷的资源下，产生无穷系列的信念。这些信念的形式如下：A 相信 p，B 相信 p，A 相信 B 相信 p，B 相信 A 相信 p，如此等等。

许多哲学家已经开始着手解决这个问题，如大卫·刘易斯[15]、希佛（S. R. Schiffer）[16]、哈曼（G. Harman）[17] 和巴威斯[18]。他们的理论都有相同的结构。克拉克和马歇尔从刘易斯的书中提取了以下模式，这也是对希佛和巴威斯定义的恰当总结。

A 和 B 交互知道 p，当且仅当，某种事态 G 成立，同时：

（1）A 和 B 都有理由相信 G 成立。

（2）G 向 A 和 B 显示，双方都有理由相信 G 成立。

（3）G 向 A 和 B 显示 p。[19]

哈曼的固定点定义显然与此密切相关，但包含了更明确的自指：

　　　A 和 B 交互知道 p，当且仅当，A 和 B 知道 p 和 q，其中 q 是自指语句"A 和 B 知道 p 和 q"。

这两个定义之间的联系是：要知道像 q 这样的命题，必须了解像 G 这样的事态。

这些说明留下了一个没有回答的核心问题：向某人"显示"某事到底是一种什么事态？如果我们把"G 向 x 显示 p"解释为情境 G 向 x 提供了关于 p 的真实性的一些证据或依据（warrant），那么刘易斯-希佛定义就不能结合到信念的计算性说明中去，因为这存在两个问题：有界或受限的演绎（缺乏逻辑全能）和已知数据不相容之可能的问题。第一，事态集 G 如果作为一个类语句表征的有穷集，可以为 x 提供关于 p 的信息，亦即可以由 G 推导出 p，鉴于时间和其他资源的局限性，没有 x 能够识别这种逻辑蕴涵。第二，事态集 G 可能为 x 提供逻辑上不相容的语句集之初步证据。例如，G 可能包含来自两个显然可靠的证人的相互矛盾的证词。事态的发展可能会给出 x 接受 p 的理由，同时也可能给 x 更充分的理由接受非 p。

这两个问题不是相互独立的：第二个问题依赖于第一个问题。由于人类在逻辑上不是全能的，人们可能无法检测到可用数据中不相容性的存在。因此，这两个问题的解决办法最终必然是相互关联的。我将首先解决第二个问题（在 4.2 节中），然后逐步弱化对逻辑全能的假设，直至达到一个与现实状态令人满意的近似。

4.2　数据不相容问题

考虑一个不相容的数据集合，理想的推理者（逻辑上全能的）会相信其中有一个相容或融贯地持有的重要数据子集是逻辑封闭。雷歇尔（N. Rescher）曾详细描述过一个"可信性推理"系统，该系统以最简单的方式体现了这种直觉。[20] 系统中采用了最弱链接原则：根据可信度或所谓"概然牢固性"（probitive solidity）对各种数据源进行分级，理想的推理者首先从一组不相容的数据中消除那些排名最低的元素。更准确地说，雷歇尔定义了一个不相容数据集的"极大子集"。

66

S' 是数据集 S 的一个极大子集，当且仅当：

（1）S' 不是不相容的，并且

（2）对于满足（1）的 S 的其他子集 S''，如果 S'' 包含的 k 阶 S 元素比 S' 更多，那么存在某个 $k+n$ 阶，S' 比 S'' 包含更多的 $k+n$ 阶 S 元素。

在这里级别 1 是最低的概然牢固性级别，而且 S 是一个有穷集。如果数据集 S 是相容的，则 S 为其自身的极大子集。拥有数据集 S 的一个理想的可信性推理者，只会接受 S 的极大相容子集之交集的逻辑封闭中的命题（因为可能有多个这样的极大子集）。[21]

对于雷歇尔的系统，有许多有趣的替代方案。雷歇尔系统要求一个人首先去掉最低级的语句，以恢复相容性，不管要去掉多少。例如，一个人必定宁愿删除数千个 k 级的语句，也不愿删除一个 $k+1$ 级的语句。我们可以用一组附加权值来代替雷歇尔的级别，并要求在两条相容性路径之间进行选择时，必须选择保留较大权值的子集。另一个选择是概率系统，其中每个数据源都有一定的出错概率。假设这些概率是相互独立的，可以通过将排除的数据语句的错误概率相乘来评估数据集的每个相容子集。而优选子集具有最大的这样的乘积。显然，这些想法有无数可能的修改和组合。就我们目前的目的而言，选择哪一个并不重要。

我们可以用一个数据语句集合来识别人类推理者的认知状态，其中每个语句都根据其来源进行标记，每个来源都被分配了一个等级、一个权重、一个错误概率或其他一些衡量认知可信度的指标。我们可以使用雷歇尔系统或某个替代系统来定义在给定的认知状态 E 下"终极可证立"的语句。

现在我们可以说明事态 G 向某人"显示"某事是什么意思了：

> G 向 x 显示 p，当且仅当，G 包含了这样一个事实，即 x 处于认知状态 E，使得 p 在 E 中是终极可证立的。

67 利用这个定义，我们现在可以再看一下关于公共知识的刘易斯-希佛定义，特别是定义的第（2）条：

> （2）G 向 A 和 B 显示，双方都有理由相信 G 成立。

通过消除一些不必要的细节，我们可以将（2）替换为更清晰明了的（2′）：

> （2′）A 和 B 分别处于认知状态 E_A 和 E_B，因此在 E_A 和 E_B 中接受 A 和 B 分别处于认知状态 E_A 和 E_B 是终极可证立的。

因此，E_A 和 E_B 的数据集必定都是自指的。

假设刘易斯-希佛定义的第 3 条也满足，也就是说，假设接受 p 在 E_A 和 E_B 中都是终极可证立的。p 是 A 和 B 之间的交互信念吗？只有当 A 和 B 都是逻辑和数学全能的，并且对这一事实的认可在 E_A 和 E_B 中是终极可证立的。为了满足 p 成为 A 和 B 之间的交互信念这一条件，A 和 B 都相信 p，A 和 B 都相信 A 和 B 相信 p，等等。从 p 在 E_A 和 E_B 中是终极可证立的这一事实出发，我们可以得出结论，如果 A 和 B 在逻辑上是永远正确的推理者，那么 A 和 B 最终会相信 p。E_A 和 E_B 数据中任何一个子集的不相容性最终都会暴露出来，因此 A 和 B 最终会达到每个状态的极大子集，并最终推导出这些极大子集交集的每个逻辑结果。围绕"A 最终接受 p",有些语句可能在接受和不接受之间来回转换。我的意思是 A 最终会达到这样一个点,永久接受 p。(这并不意味着推理者会意识到她已经达到了这一点:在她认知状态的逻辑分析的每一点上,她都可能不确定是否有未被发现的矛盾仍在她暂且接受的数据的子集中。最终可证立的语句集是 Σ_2,它甚至不是递归可枚举的。)

给定 B 处于 E_B 状态,我们可以假定 A 一定能够识别出 B 最终会相信 p,前提是我们假设 A 在数学上也是全能的。A 必须能够识别任意一组语句 S,不管 S 是否相容。哥德尔证明,即使是逻辑上绝对正确和无穷的时间也不足以完成这项任务:有一些语句的相容性(相对于任何公理性的背景理论)是无法被证明的。因此,假定指望 A 终于意识到接受 p 在 E_B *68* 中是终极可证立的,简直就可以说是被神赋予了力量。

为了能够推导出在交互信念情境下无穷级数的每一个信念,我们需要以下形式的定理:

(JJ) $Jx\,'\varphi' \rightarrow Jy\,'Jx\,'\varphi''$

其中 φ 是 p 通过 J 的迭代建立起来的任一语句,x 和 y 是共享交互信念 p 的任意两个小组的成员,J 代表相信(或"判断")的态度。

在当前语境下,我们必须将 $Jx\,'\varphi'$ 解释为一个逻辑无误的 x 会用无穷的时间、记忆和耐心来矢志不渝地接受 φ。正如已经解释过的,这个定理只有当小组成员是数学全能时,才能够成立。然而,有一种方法可以证明模式(JJ)不依赖于数学全能的假设。

推理者 A 可以在 E_B 中复制 B 的推理,当 A 发现自己暂时接受 φ(通过模拟 B)时,A 可以将 $J_B\,'\varphi'$ 添加到自己试探性的信念中。如果 A 后来发现她可以从 E_B 的子集里推导出 φ 是不相容的,那么她会放弃 $J_B\,'\varphi'$,这一点就像 B 会放弃 φ 本身一样。如果 B 最终能够稳定接受 φ(从极大的 E_B 真相容子集里推导 φ)的子集,那么 A 也将最终同样稳定地接受 $J_B\,'\varphi'$。

因此,这种终极可证立信念的概念可以为交互信念的充分形式刻画提供基础。然而,由于这一概念涉及一个理想推理者的信念最终是稳定的,因此它的应用范围是相当有限的。我们通常对一个人的信念感兴趣，因为这是解释他行为的一个因素。我们永远无法有把握地预测，在一个人目前的认知状态下，所有且只有那些终极可证立的信念，才会影响他的行为。我们甚至无法预测，他会在现有时间内尽可能地对其数据进行逻辑分析；由于时间、记忆力和脑力都是稀缺资源，必须加以节约，因此，如果没有某种特殊的理由，人们不可能把所有可用的资源都用在一个特定的问题上，即认为通过提供一个公认的成功的可信前景，这个任务就值得优先考虑。

69   在这一点上，我们须转向第 4.1 节中讨论的第一个问题：考虑到数学和逻辑全能的缺失。在讨论一系列相继出现的更现实的近似之前，我想先描述一下交互信念的有限演绎理论的一些需求。

4.3   说明之所需

在 4.4 节中，我将为交互信念的状态建立几个定义，每个定义都包含所有通常被认为构成这种状态的信念，即 A 和 B 相信 p，A 和 B 相信 A 和 B 相信 p，等等。然而，考虑到不相容数据的解决和计算可行演绎的局限性，在此之前我想仔细考虑一下交互信念的计算性说明所必需的特征。我主张有两个主要的必要条件：一个是交互信念是可迭代的，正如所定义的那样（也就是说如果双方交互相信 φ，那么交互相信 φ 是被交互相信的）；另一个是用于生成序列中每条信念的计算可行性算法能够被描述。

首先，让我们考虑迭代性。在一个计算主义框架内（相对于更为人所知的非计算主义或可能世界进路），如果我们将交互信念的状态 p 定义为一种状态，其中每个人都相信 p，每个人都相信每个人都相信 p，等等，这并不能推出：如果 p 是被交互相信的，那么 p 是被交互相信的也是被交互相信的。在没有假定数学全能的情况下，一个推理者很可能相信一个无穷集合的每一个成员都有某种性质，而不相信集合的所有成员都有这种性质。人们可能会相信系列中的每一个成员（我们都相信 p，我们都相信我们都相信 p，等等）是真的，但却不相信系列中的所有成员都是真的。因此，一种交互信念的状态可能存在，但集团的任何成员都不承认这种状态的存在，更不用说它会被群体中的任何成员所相信了。难道这种对交互信念的非迭代定义有问题？

的确，在缺乏迭代原则（如模式 JJ）的情况下，不可能从有穷的数据库中推断出无穷信念序列的每个成员。但是如果没有一个有穷的数据库，在计算上什么都不可行。如果没有与迭代原理等价的东西，每一位处于交互信念中的个体必须有不同的数据集，从这些数据集他可以推断出无穷层级中的每个成员 p，$J`p`$，$J`J`p``$……因此，他必须有无穷多的数据语句和无限记忆力来存储它们。

即使我们只关心交互信念层次的有限部分，从计算的角度来看，放弃迭代原则也是有问题的。让我用一个更具体的例子来说明这一点：一个有穷的、两人的纯协作博弈（博弈中每个参与者的收益总是相等的），并带有唯一的纯策略纳什均衡。下面是一个简单的例子：

	C_1	C_2
R_1	0，0	1，1
R_2	−1，−1	2，2

任何这样的博弈中，至少有一个参与者的行为是严格受控的，这意味着无论其他参与者做什么，都有一些可替代的行为会让参与者获得更多的效用。[22]对占优行动的剔除会导致另一个更小的带有唯一的纯策略均衡的博弈。通过反复消除占优行动，我们最终会得到一个不足道的博弈，其中每个参与者只有一个可用的行动，也是在最初的博弈中属于唯一均衡的行动。[23]如果我们假设所讨论的博弈是一个 $k \times k$ 博弈（每个参与者都有 k 个可用的操作），那么仅当该博弈的参数是程度至少高于 k 的公共知识，两个参与者才会推出正确的解。[24]没有迭代定理（JJ），两个参与者的数据集必须包含嵌套到 $2k$ 深度的 J 谓词的语句，例如，$J_1`J_2`J_1`\ldots J_{2p}\ldots```$。似乎看起来这样的数据语句的复杂性存在一个非常低的上界，使得通过感官知觉或证据传递成为可能。对于任何大于 3 或 4 的 k，任何这样的语句都不可能用任一数量的感觉数据来表示，也不可能用语言来成功地交流。事实上，连这样一个语句的内容是不是人类思维的思考对象，似乎都值得

怀疑。

71 　　其次，让我们考虑一个更现实的对交互信念的说明之所需，它必须包括一个计算上能行的算法来生成关于给定群体内交互信念的任一语句。否则，我们就不能指望每个成员实际上都持有所谓的交互信念。当然，在实现我刚才说明的过程中存在一个明显的问题：在一种交互相信的状态下，总是有无数的语句是交互相信的。因此，显然没有有穷的计算可以生成它们的全部。我认为，我们需要的是一个"虚拟信念"的概念。虚拟信念就是如果其真值问题被提出则被接受为真的语句。生成虚拟信念的算法应

72 该是问题驱动的（query-driven）。这样我们就可以把给定的语句 p 在认知状态 E 中被虚拟地相信，定义为存在这样的适当算法，在给定状态 E 而 p 被询问是否为真时，所给出的答案为"是"。

　　因此，我们的第二个要求就是，指定的算法总是给出正确的答案，而交互相信的语句集必须是递归可枚举的。在4.4节，我将构建一个交互信念的定义来满足一个更强的要求：可以在一段时间内完成关于 E 和 p 的复杂性多项式函数的计算。在计算复杂性理论的话语体系中，这样的计算可以被描述为"在多项式的时间"中可以完成。"多项式时间"是直观的"可行性"概念公认的形式等价物。

4.4　关于虚拟信念的说明

　　首先定义我所谓的"弱虚拟信念"。一个语句 φ 在认知状态 E 中是弱虚拟相信的，当且仅当在 M 中接受 φ 在 E 中是终极可证立的这一点是可证的。这里的 M 是某些公理化的数学理论，这些理论中公理在 E 中都是自明的；此处 M 包含对 E 的描述，其中 M 中的所有公理在 E 中都是自明的：

$$W_E\,'\varphi'\leftrightarrow_{df}(\exists M)(P_M\,'J_E\,'\varphi'' \,\&\, S_E(M)\,\&\,P_M\,'S(M,E)')$$

　　这一概念比终极可证立的信念更强，因为正如我们所见，在任何公理体系中，一个语句即使不能被证明是可证的，也可以是终极可证立的。如果 M 包含鲁滨逊算术，则该说明满足上一节提到的迭代约束。"在 M 中

是可证的"可用这样一种方式在语言 M 中被定义为：每当一个语句 φ 在 M 中是可证的，那么其在 M 中是可证的就是在 M 中可证的。

　　然而，在已知的认知状态下，若我们打算用 M 代表所有直觉上可以接受的数学，正如本纳塞拉夫（P. Benacerraf）所展示的[25]，反思哥德尔不完备性定理的结果为我们提供了充分的理由设定：如果一个人的信念是相容的，其中就不能包括这样一个信念，即其形式公理化理论就是其自身的直观数学。"认知算术"（用数学知识的逻辑为普通数学提供的装备）应该认可一种类似于正规模态逻辑的逻辑。[26]因此，它应该包括一个模式断言其自身的可靠性（$P\,'\varphi'\rightarrow\varphi$，对于所有的 φ），以及一个必然化原则（从 $\vdash\varphi$ 推出 $\vdash P\,'\varphi'$）。如果它通过指定一种公理理论这样做，并且断言这个系统是可靠的（因此是相容的），那么据哥德尔第二不完备性定理就可以推出这个系统是不相容的。 *73*

　　因此，我们应该在我们的语言中添加一个初始谓词 $S_E(x)$，代表在给定的认知状态下，语句 x 对某人是自明的。"在 M 中可证明"将与"可从 E 中的自明语句导出"相一致。因此，我们应当删去对特定公理化系统 M 中的任何指称（我们永远不能把它认作我们的数学直觉的公理化）；相反，我们应该只指称"在 E 中可证"。因此我将用下面的公式来替换之前的弱虚拟信念的定义：

$$W_E\,'\varphi'\leftrightarrow_{df}P_E\,'J_E\,'\varphi'\,'$$

　　E 中的可证性是迭代的，恰当 E 中的自明也是迭代的，即恰当每一个自明的语句的自明性也是自明的。

　　以下考虑支持了自明迭代的观点。自明概念的要点是解释数学证明的结论性。如果自明本身不是自明的，那么对证明的结论性的任何解释都面临着无穷倒退。如果每一个证明都可辨识的话，那么数学直觉上自明的语句集合，必须被数学直觉能行可判定。[27]

　　如果我们假设定理模式（PJ）的每个示例都在 E 中是可证的：

　　（PJ）$P_E\,'\varphi'\rightarrow J_E\,'\varphi'$

其所断言的就是，凡是从自明的公理中可以证明的东西，都是终极可证立的（一个人甚至不能认可其自明真理之间存在不相容的可能性），如果我对 W 的定义在 E 中是自明的，那么我们就可以很容易地证明下面的定理模式：

$$(\text{WW})\ W_E\text{'}\varphi\text{'}\rightarrow W_E\text{'}W_E\text{'}\varphi\text{'}\text{'}^{[28]}$$

74　　给定弱虚拟信念的概念，我们可以定义一个相应的交互信念的概念。令认知状态 E_A 和 E_B 为对各自而言，A 处于状态 E_A，B 处于状态 E_B，以及 p，都是被交互相信的，那么 A 处于状态 E_A，B 处于状态 E_B，则 A 和 B 都处于交互信念 p 的状态。显然，A 和 B 都虚拟地相信 p。由于弱虚拟信念迭代，他们也虚拟地相信他们都虚拟地相信 p，如此等等。

虽然满足了迭代性约束，但我们在满足可行性约束方面进展不大。再一次，哥德尔的不完备性结果加之丘奇论题，意味着不存在能行程序（更不用说计算上可行的程序）来确定一个给定的语句是否在一个给定的认知状态中被弱虚拟地相信。如果 A 处于状态 E 而 φ 被质疑，那么 A 别无选择，只有开始尝试建构一个 φ 在 E 中是终极可证立的证明。这一过程可能永远不会终止（如果既没有证明也没有反证）。在博弈论和一般的社会科学中，我们对虚拟信念感兴趣的范围仅限于那些依赖它们可以影响人类主体的实际决策，其所涉问题又与主体之思虑相关的信念。用弱虚拟信念定义交互信念的主要缺陷在于，一个完美的理性人可能拥有虚拟信念 p，并知道 p 的真值与其当前的思虑相关，却仍然要在没有获得实际信念 p 时做出决策。

例如，假定 $J\text{'}\varphi\text{'}$ 在 E 中可证，但 A 并不知道是否可证明或可反证，主体 A 不能无限期地推迟其判定，因而不能凭自身之力继续搜索，直到发现对 $J\text{'}\varphi\text{'}$ 的证明或反驳以解决问题。可能在发现 $J\text{'}\varphi\text{'}$ 的证明之前就放弃了，因而在其判定中并没有形成实际的信念 φ。

我们需要一个"强虚拟信念"概念。大致说来，一个强虚拟信念首先属于弱虚拟信念，同时又存在一个已知算法使得在多项式时间内计算终止，从而发现对该信念的可证立性的一个证明。一个理想的推理者，如果有足够的时间和资源，可以被认为是在做出判定之前已经得到包含与决策问题相关的所有强虚拟信念。一个理想的推理者在寻找 $J\text{'}\varphi\text{'}$（φ 是强虚

75

拟信念）的证明时并没有无法做出判定的风险，因为他已知一个会在多项式时间内终止的特定算法。

为了使强虚拟信念的概念更加精确，我们需要解释什么叫作"已知"在多项式时间内终止的算法。首先，我们需要阐明像前面引入的"认知状态"概念。除了数据语句集、对数据资源的级别或权重的分配，以及一个关于在 E 中可证明的数学真理的可公理化理论 P_E，我们还需要添加一个数学知识的有穷集 C_E，即这样一个有穷的语句集合，在已知的 M_E 中该集合的每一个元素都存在一个证明。对于语句 φ 要被强虚拟地相信，这个集合中的某些语句必须表明实际上有一个总能在多项式时间（其输入复杂性的多项式函数的时段）内终止的特定算法。

更加形式化地表达，即用 V 代表强虚拟信念，$C_E\varphi$ 代表 φ 在 C_E 中的出现，POLY(A) 代表这样一个事实，一个代码为 A 的图灵机会在作为其输入的多项式函数的时段内终止。$T(M, A)$ 指一种关系，代表图灵机 A 对于任何输入而言的输出都是 M 定理（的代码）。TUR(A, x) 是一个函数，代表 A 对于自变元 x 的输出：

$$V_E\text{`}\varphi\text{'} \leftrightarrow_{df} (\exists Z)(\exists M)$$

（其中 Z 是图灵机的特征数，M 是某个数学分支的递归公理化代码，并且：

（ⅰ）$C_E\text{`POLY}(Z)\text{'}$

（ⅱ）$C_E\text{`}T(M<Z)\text{'}$

（ⅲ）$C_E\text{`}S_E(M)\text{'}$

（ⅳ）TUR($Z, \text{`}\varphi\text{'}$) = $\text{`}J_E\text{`}\varphi\text{'}\text{'}$）

该定义说的是，在给定认知状态 E 的数据之下（由定义中的（ⅳ）提供），如果存在一个已知的（可以通过确定的数学证明来证明的）可行算法，仅能生成 E 中某个自明理论的定理（据定义中的（ⅰ）—（ⅲ）），实际上能够成功地为接受 φ 的可证立性找到一个证明，那么 φ 就是认知状态 E 中的一个虚拟信念。

强虚拟信念显然满足刚才讨论的可行性约束。一个理想的推理者如果有足够的时间和意愿，就会发现她的每一个强虚拟信念在她的实际认知状态中都是可证立的。因此，她可以根据这些信念所包含的信息做出决定。

76   当我们做出某种假设，与关于状态 E 中可证知识的推理相关，那么迭代的条件也能得到满足。假设 φ 是 E 的一个虚拟信念。我们需要表明，有一个算法 Z' 满足以上的条件（ⅰ）—（ⅲ），并且给定输入 V_E'φ'，Z' 可以找到一个关于 V_E'φ' 在 E 中可证立的证明。

     遵循如下程序可以构成这样的 Z'。出于简单性考虑，让我们假定对于某个语句 ψ，Z' 仅仅回应拥有形如 V_E'ψ' 的输入。对于所有其他的输入，Z' 只是给出一个重言句，如 $0 = 0$。如果输入是正确的形式，则 Z' 就会检查 C_E 集，查找满足条件（ⅰ）—（ⅲ）的所有算法。这样的算法数量有穷（因为 C_E 是有穷的）。假设 Z 是这样一个算法。然后，作为 Z' 的子路线，我们运行 Z 输入 ψ。已知（给定 C_E）这些算法中的每一个都终止于一段 ψ 长度的多项式函数时间，因此，所有这些算法运行所需的总时间也将是一个 ψ 的多项式函数，所以也是 V_E'ψ' 的。如果这些算法中的任意一个能够输出 J_E'ψ'，那么 Z' 就应当能输出 J_E'V_E'ψ''。否则，Z' 只会产生 $0 = 0$。

     我们刚刚勾勒出一个证明，表明 Z' 总是在多项式时间内终止，且 Z' 的输出都在 M_E 中可证，同时若 ψ 是 E 中的一个虚拟信念，并且 Z' 被给定输入 V_E'ψ'，Z' 就可以输出 J_E'V_E'ψ''。如果我们假设 C_E 包含这个证明（我们可以使用哥德尔的技术构造这样一个自指的 C_E），那么 E 中的虚拟信念将会迭代。通过类似的推理，我们还可以证明，对于兼容的认知状态，交互信念也会迭代。（当两种认知状态共享同一数学语料库时，它们是兼容的。）

     在这一点上，非常重要的是回顾一下刚才勾勒的证明，并明确正在被使用的推理原则。我们需要形式化 E 中的一个证明，即算法 Z' 总是在多项式时间内终止，并且总是产生可在 E 中证明的语句。Z' 总是在多项式时间内终止，恰当它所有可能的子程序总是在多项式时间内终止。对于每一个可能的子程序，在 C_E 中都有一个关于它在多项式时间内终止的证明。在 E 中自明的是，在 C_E 中可证明的一切都是真的。要做到这一点，最自然可信的方法是保证（P^*）公理模式（P_E'φ'$\rightarrow\varphi$）的所有示例在 E 中

77 都是自明的。这就是说，所有在 E 中可以证明的东西，从而在 C_E 中实际被证明的东西，确实都是如此。给定（P^*），我们可以证明 Z' 的每一个

可能的子程序都将在多项式时间内终止，因此，Z' 本身也将在多项式时间内终止。

假设 ψ 是 E 中的一个虚拟信念。然后存在一个算法 Z 满足强虚拟信念定义的三个条件。如果这些条件都满足了，那么在 E 中肯定可以证明它们都满足了。这一点是非常直接的。根据 C_E 的规范说明，很容易确定 C_E 实际上包含满足条件（ⅰ）—（ⅲ）所需的证明。同样，给定 Z 的标准规范，证明它对于 ψ 的输出事实上是 $J_E'\psi'$，这一点是不足道的。所以，无论什么时候，ψ 是 E 中的一个虚拟信念，这种情况下它在 M_E 中是能够被证明的。使用之前引入的定理（PJ），我们可以进一步推断出在 E 中接受 $V_E'\psi'$ 是可证立的。

算法 Z' 只会在给定一个形如 $V_E'\psi'$ 的真语句输入时，才会导出有趣的、非不足道的输出。正如我们所见，当这样的语句为真时，其在 E 中是可证立的这一点在 E 中是可证的（这正是 Z' 的输出）。这样，我们已经成功地证明了 Z' 只能产生在 E 中可证的语句。

因此，C_E 没有理由不包含如下两个事实的证明，即 Z' 总是在多项式时间内终止，并且只能导出在 E 中可证的语句。从而每当 ψ 是一个虚拟信念，$V_E'\psi'$ 也是如此。故可以用强虚拟信念来成功地定义交互信念。

A 和 B 交互相信 p，当且仅当：

（1）A 处于状态 E_A，B 处于状态 E_B，并且

（2）$(\forall x)(C_{EA}(x)$，当且仅当，$C_{EB}(x))$

（3）$V_{EA}'p'$，以及 $V_{EB}'p'$，并且

（4）$V_{EA}^*'(1)'$，以及 $V_{EB}^*'(1)'$ [29]

既然给定的认知状态的虚拟信念是可以计算的，那么给定每个成员的认知状态的群体的交互信念也是可以计算的。此外，由于虚拟信念会迭代，所以交互信念也会迭代。最终，如果一个给定的语句 p 是 A 和 B 交互相信的，那么 A 实际上相信 B 实际上相信 p，B 实际上相信 A 实际上相信 B 实际上相信 p，以此类推。例如，假设 A 被这样询问：B 实际上相信 p 吗？给定条件（4），A 可以计算出 B 的认知状态。根据这个信息，A 可

78

以发现 B 实际上虚拟地相信 p。

　　然而，这样一个定义如何提供对交互信念的一种合乎实际的说明呢？乍一看，人类行为主体似乎不太可能在他们的大脑中储存有复杂性理论的定理，从而在对日常情境进行推理时经常求助于这些定理。

　　虽然这个定义显然涉及某种程度的理想化（主要是在可行性分析上采用"多项式时间"的复杂概念），但我认为它的确反映了各种虚拟信念中一些重要的区别，据此可使得一种在直觉上可靠的推理模式精确化。我已指出，我们的信念可分为两类：一是我们的无可置疑信念，它们具有如此显明的确实性，以至于它们不可靠（更不用说不相容）的可能性在实用考虑上不会被严肃对待；二是从那些我们认为是可信的数据中推导出的暂时性信念，这些信念是可信的，但绝不是无可置疑。我们确实要认真对待这种可能性，即纯然可信的数据却是不相容的。我们并不认为，即使使用完美的推理，一个人类推理者会接受他的数据所推出的每一个语句。

　　因此，无可置疑信念和暂时性信念之间的区别是一种实用的区别：这种区别的界限可能会从一种语境转换到另一种语境，而不是一劳永逸的。在一个实践或理论问题上被视为绝对确定和固定的信念，在另一种情况下可能被视为仅仅是试探性的。在涉及具体问题时，必须把某些信念看作确定无疑的，才能明确解决问题的方法。

　　此外，在无可置疑与仅仅是试探性的信念之间，还存在着一种中间层面的信念：那些基于无可置疑信念而被认为是由极大的融贯数据子集所引出的语句。我们可以很有把握地推测，一个人类推理者，如果她的推理是完美的，如果她没有得到新的相关数据，她实际上会继续接受这样的语句。但我们不能断言她会接受每一个这样的语句，根据她的数据，这些语句的可证立性是基于其掌握的数据从其无可置疑信念中演绎出来的。这里没有能行程序，更没有可行性程序用于发现具有这种属性的语句。然而，她可能有一整套计算上可行的演绎法，她习惯于求助于这些演绎法。这些计算的可行性本身可能就是她的一种无可置疑信念，即使这种信念仅仅是一种直觉，或者是反复试验的结果，或者是大脑硬件的自然选择。（无可置疑的和暂时的数据是根据它们目前的置信状态而不是根据它们的起源来区分的。）

直觉上很明显，可行算法的有穷组合本身也是可行的。因此，如果已知有穷算法集中的每个算法都是可行的，那么从直觉上推断这些算法的组合是可行的也是正确的。如果我已知他人的虚拟信念集合是由一个可行算法而生成的，那么我就可以在计算自己的虚拟信念的过程中融入有限多个其他推理者的虚拟信念的计算，而不会由此失去后一种计算的已知可行性。正是这一直觉上正确的论证，使得交互信念（相对于强虚拟信念）成为可能。

把这种理想化纳入这个说明，比一种像数学全能那样的过度理想化要好得多。我们可以合理地假设，心智（如果你愿意，也可以说大脑）通过依赖一些复杂性理论来节省计算时间和空间，这些复杂性理论是通过自然选择、类比引导的猜测和试错学习的结合而获得的。这种理论不需要进行公理化，但它必须有一个公理结构，因为有穷多的一般原理将会被应用于无穷多的特殊情况。事实上，只要它在具体应用中能够相当可信地得出正确的答案，它甚至不需要是一个可靠的或相容的理论。（当然，它可以既可靠又精致地被公理化：这是一个可诉诸经验考察的问题。）

现在，我想回顾一下我在展示强虚拟信念迭代时使用的公理和定理。在 M 中讨论可证明性的形式化时，我已经默认了以下模式：

$$(\text{PK})\ P_E(\lq\varphi{\to}\psi\rq)\to(P_E\lq\varphi\rq\to P_E\lq\psi\rq)$$

我还假设所有的逻辑公理都是可证明的：

$$(\text{PL})\ P_E\lq\varphi\rq,\ 若\ \varphi\ 为任一逻辑公理$$

我还在两个关键的地方使用了模式：

$$(\text{PT})\ P_E\lq\varphi\rq\to\varphi$$

最后，我假设 E 中的每一个可证明原则在 E 中都是自明的，可以表示如下：

$$(\text{PN})\ P_E\lq\varphi\rq,\ 若\ \varphi\ 是(\text{PMP})、(\text{L})或(\text{P}^*)的一个示例$$

给定模式（PT），下面的任何示例也是（PN）的示例：

$$(\text{PU})\ P_E\lq(P_E\lq\varphi\rq\to\varphi)\rq$$

4.5 悖论

正如我在前一章所讨论的，卡普兰和蒙塔古[30]使用勒伯定理[31]证明了任何包含（PK）、（PL）、（PT）和（PU）模式的系统都是不相容的（知道者悖论）。我们试图构建一个关于交互信念的计算性解释，这迫使我们直接进入了卡普兰和蒙塔古所展示的受困于矛盾的认知逻辑。

事实上，任何关于交互信念的恰当的计算主义解释都会被这个悖论所困扰。我们已经确定，对交互信念的充分解释必须满足以下模式：

（M4）$M'\varphi' \rightarrow M'M'\varphi''$

如果这是合理的要求，下面将无疑是更加合理的要求，即如果 φ 是被交互相信的，φ 不被交互相信是不被交互相信的：

（MJ）$M'\varphi' \rightarrow \neg M'\neg M'\varphi''$

考虑到我们的计算主义框架，我们可以构造一个语句 a，在算术上可以证明 $a \leftrightarrow \neg M'a'$。这种算术事实当然有资格成为交互信念的对象。例如，我们可以想象一群人一起复习定理的证明。因此，让我们假设 M 代表在这样一个群体中被交互相信的属性。我们现在可以添加假设：

（M1）$M'a' \rightarrow M'\neg M'a''$

（M2）$M'\neg M'a'' \rightarrow M'a'$

（M1）和（MJ）共同推出 a 不是被交互相信的。假设（M1）和（MJ）本身是交互信念的对象。那么我们有理由进一步假设，这可能是一个交互相信的问题，即 a 并不是被交互相信的。但是从（M2），我们可以推断出 a 是被交互相信的，与我们之前的结论相矛盾。

蒙塔古[32]和其他一些人如托马森[33]，已经把这些结果作为放弃用计算主义方法研究心智态度的决定性理由。对学习语义学的学生而言，面对类说谎者悖论时，不会那么容易对解决悖论感到绝望，也不会那么快就采取回避悖论的方法。此外，不仅没有必要为了处理悖论而放弃计算主义框架，而且我在第 1 章中已经指出，放弃计算主义框架本身作为一种回避矛盾的手段也是不充分的。类似的悖论也存在于可能世界的框架中。

克里普克的《真理论论纲》[34]是这一领域的开创性论文，揭示了描述一种语言的可能性，这种语言至少在一定程度上成功地包含了自己的语义。阿什尔和坎普将克里普克的方法应用于"知道者悖论"[35]。自从克里普克的论文发表以来，对说谎者的问题进行了一系列新的探究，在此可简要地提及帕森斯、伯奇以及巴威斯和埃切曼迪的层次/索引理论。[36]帕森斯-伯奇理论试图应用塔斯基型真值谓词层次（每个在一个单独的"语言"中）分析自然语言的谓词"是真的"（is true），尽管"true"在英语中是单义的（因此，英语不能分为对象语言和元语言的层次结构）。帕森斯-伯奇理论对这个问题的解决方案是，假设"true"是一个索引性谓词，它有一个变量扩展（无穷外延层级），是使用语境的一个函数。因此，帕森斯和伯奇并没有像塔斯基在形式语言刻画中所建议的那样，从语法上区分一个谓词系列的成员，而是敦促我们从语用上区分单一的索引性谓词的可能解释系列的成员。

巴威斯和埃切曼迪也同样试图通过在自然语言中发现迄今未被注意到的索引性要素，来解决说谎者悖论。他们认为，每一个命题都隐含地指 *82* 向某些具有显著环境性的"情境"。这两种解决方法的共同点在于，在直觉真理论中显然可以推导出的矛盾，只是一种表面的矛盾。当我们首先断定说谎者语句不是真的，然后又断定说谎者语句是真的，我们的第二个想法只是显然地否定了我们的第一个想法所肯定的东西：在对谓词"真的"或整个命题"说谎者为真"的解释情境中发生了微妙的变化。例如，伯奇将这种情境描述为：说谎者不是$true_1$而是$true_2$的（其中下标数字表示索引性的隐性要素）。因此，我们的直觉真理论终究不是不相容的。任何直觉上正确的真理原则都不需要放弃（参见第6章更详细地讨论如何对待说谎者）。

正如安德森（A. Anderson）[37]所研讨的那样，同样的解决方案也适用于"知道者悖论"。一个悖论性的命题，比如"本语句不可能被知道$_1$"不可能被知道$_1$，但可能被知道$_2$。同样，"本语句不被交互相信$_1$"可能被交互相信$_2$。在第7章中，我将详细说明这种解决方案的工作原理。

注释

[1] Clark and Marshall (1981).

〔2〕 Lewis (1969), pp. 51−5; Schiffer (1972).

〔3〕 Armbruster and Boge (1979); Boge and Eisele (1979); Mertens and Zamir (1985); Harsanyi (1975); Kreps and Ramey (1987); Tan and Werlang (1988).

〔4〕 Clark and Marshall (1981).

〔5〕 Ibid., pp. 11−5.

〔6〕 Lewis (1969), pp. 58−9.

〔7〕 Hintikka (1962).

〔8〕 Aumann (1976).

〔9〕 Carnap (1947), pp. 53−5, 61−4.

〔10〕 Davidson (1967).

〔11〕 Konolige (1985).

〔12〕 Kamp and Asher (1986). 二者的工作建基于如下早期工作之上：Kamp (1981) and (1983), Heim (1982); 也见 Asher (1986)。

〔13〕 Montague (1963); Kaplan and Montague (1960).

〔14〕 Thomason (1980).

〔15〕 Lewis (1969).

〔16〕 Schiffer (1972).

〔17〕 Harman (1977).

〔18〕 Barwise (1985).

〔19〕 Clark and Marshall (1981), p. 33.

〔20〕 Rescher (1976). 有关雷歇尔构造的详细讨论，请参见导论。

〔21〕 Ibid., pp. 49−56.

〔22〕 Lewis (1969), pp. 17−20.

〔23〕 Ibid., p. 19.

〔24〕 把行动 a_{1k}（第一个参与者的第 k 个行动）严格限制在最初的博弈中，令情形如下：当行动 $a_{1(i+1)}$ 被消除，a_{2i} 在剩下的比赛中为主导，当行动 a_{2i} 被消除，a_{1i} 在剩下的比赛中成为主导，每一个 $i>1$。令 $Z(i, n)$ 表示如下命题：对于 $m \geq n$，参与者 i 不施行任一行动 a_{im}。我们需要以下关于参与者 1 和 2 的认知状态的假定（对于所有满足 $2 \leq n \leq k-1$ 的 n）：

$$(1,n)\ J_1\ '[J_2\ 'Z(1,n+1)'\to Z(2,n+1)]'$$

$$(2,n)\ J_2\ '[J_1\ 'Z(2,n+1)'\to Z(1,n)]'$$

$$(2,k)\ J_2\ 'Z(1,k)'$$

这些假定反映了这样的事实，即每个参与者都理解逐步消去已经描述过的可行操作。我们还需要关于信念谓词的两个公理模式：

$$(JJ)\ Jx\ '\varphi'\to Jy\ 'Jx\ '\varphi''$$

$$(JMP)\ Jx\ '(\varphi\to\psi)'\to[Jx\ '\varphi'\to Jx\ '\psi']$$

（JJ）模式表征的是合理信念总是迭代的假设：如果一个参与者相信某事是合理的，那么另一个参与者相信第一个参与者相信它也是合理的。（JMP）模式则表征在演绎推理下合理信念是封闭的原则：如果一个人同时相信条件句和它的前件是合理的，那么他相信后件也是合理的。从这些假设中很容易得到，两个参与者都期望另一个的选择行动属于唯一均衡（即 a_{11} 和 a_{21}）。以下开始证明：

$$(1)\ J_2\ 'Z(1,k)' \qquad\qquad (2,k)$$

$$(2)\ J_1\ 'J_2\ 'Z(1,k)'' \qquad\qquad (1),(JJ)$$

$$(3)\ J_1\ 'Z(2,k)' \qquad\qquad (2),(1,k-1),(JMP)$$

$$(4)\ J_2\ 'J_1\ 'Z(2,k)'' \qquad\qquad (3),(JJ)$$

$$(5)\ J_2\ 'Z(1,k-1)' \qquad\qquad (4),(2,k-1),(JMP)$$

如此等等，最终可得：

$$(4k-8)\ J_2\ 'J_1\ 'Z(2,2)'' \qquad\qquad (4k-9),(JJ)$$

$$(4k-7)\ J_2\ 'Z(1,2)' \qquad\qquad (4k-8),(2,2),(JMP)$$

$$(4k-6)\ J_1\ 'J_2\ 'Z(1,2)'' \qquad\qquad (4k-7),(JJ)$$

$$(4k-5)\ J_1\ 'Z(2,2)' \qquad\qquad (4k-6),(1,1),(JMP)$$

要得到结论 $J_2\ 'Z(1,2)'$ 以及 $J_1\ 'Z(2,2)'$（即每个参与者都期望对方诉诸均衡策略），只需要（$4k-5$）步和（$2k-3$）的独立假定（加上两个公理模式）。

在没有（JJ）模式的情况下，这种演绎推演是完全不可行的。其所需的前提数量是 k^2 的线性函数，前提公式的平均长度是 k 的函数，因此，证

明的复杂度是 k^3 的函数。

[25] Benacerraf（1967）.

[26] Flagg（1984）.

[27] 关于这一点，参见第 3 章，特别是对丘奇论点的讨论。

[28] 证明如下：

（1）$W_E{}'\varphi'$	假定
（2）$P_E{}'J_E{}'\varphi''\& S_E(M)\& P_E$ $'S(M,E)'$	（1）W 的定义
（3）$P_E{}'P_E{}'J_E{}'\varphi'''\& P_E{}'P_E$ $'S_E(M)''$	（2）P_E 的迭代性
（4）$P_E{}'W_E{}'\varphi''$	（2）（3）M_E 中 W 的定义
（5）$P_E{}'P_E{}'W_E{}'\varphi'''$	（4）P_E 的迭代性
（6）$P_E{}'J_E{}'W_E{}'\varphi'''$	（5）M_E 中 PJ
（7）$W_E{}'W_E{}'\varphi''$	（2）（3）（6）W 的定义

[29] V^* 代表一种特殊的虚拟信念：一个人在状态 E 中虚拟地相信 E^* 是一个形如 $F(n)=m$ 的语句，当且仅当你可以预期他在多项式时间内进行运算以回答这个问题"$F(n)=?$"在状态 E 中是终极可证立的。因此，条件（4）规定 A 和 B 都可以被用来发现各自所处的认知状态。（回想一下，认知状态由有穷的指示语料库、有穷的数据集和每个数据的权重分配组成。）

[30] Kaplan and Montague（1960）.

[31] Löb（1955）. 参见本书第 3 章。

[32] Montague（1963）.

[33] Thomason（1980）.

[34] Kripke（1975）.

[35] Asher and Kamp（1986）and（1987）.

[36] Parsons（1974a），Burge（1979），Barwise and Etchemendy（1987）.

[37] Anderson（1983）.

第 II 部分
悖论的解决

第 5 章　对说谎者悖论语境迟钝解决方案的批评

我将讨论关于说谎者悖论的五类处理方案。其中，每一类都对应于 （本书第 I 部分讨论的）"否证者悖论"的一种解决方案。在某些情形中，把说谎者悖论的解决方案应用于否证者悖论，会带来全然相同的优点与缺点；就这些情形而言，否证者悖论就没有更大的趣味。然而，在许多情形中，对说谎者悖论而言相当合理可行的方案，在被应用于否证者悖论时，却会招致失败或面临新的重要困难。正是在这样的情形中，否证者悖论最有希望带来新的洞见。

解决出现于自然语言中的说谎者悖论的五类方案如下：

（1）坚称有意义的语义自指是不可能的。

（2）坚持论述理论的元语言与作为研究对象的自然语言的二分法。

（3）坚持将否认一个语句与断定一个语句的否定区别开来。

（4）弱化用以导出矛盾的公理或逻辑。

（5）将语句殊型而非语句类型视为真与假的载体。

我并不把塔斯基型对象语言与元语言区分的理论，归为自然语言中说谎者悖论的一种解决方案。塔斯基感兴趣的仅仅是为形式语言开发一种相容且充分的真理理论。他相信，有意义的自指（语言中的谓词"真的"对该语言本身语句之有意义的且可能为真的应用）在自然语言中是可能的，因而自然语言是不相容的。因此，塔斯基的工作并不属于第（1）类方案。同样，对于一种有意义的自指可能存在的语言（如自然语言），由于塔斯基并不试图为之开发一种真理理论，他的工作也不属于第（2）类方案。

在本章中，我将讨论隶属于前四类的解决方案；在下一章中，我将对隶属于第（5）类的若干解决方案做比较分析。当应用于第3章所提出的否证者悖论时，前四类解决方案都不能良好运作。这种一般性的失败，导致人们严重怀疑这些应用于说谎者悖论的解决方案的正确性。而我所赞同的第（5）类解决方案，其对否证者悖论的处理，是与对说谎者悖论的处理同样妥当的。

第（1）类解决说谎者悖论的方案包括真理的冗余理论，这种理论实际上是将"……是真的"视为语句形成算子而非语句谓词。该类方案的另一个例子则把"真的"应用于罗素型分支类型论中的命题，在这种理论中，分支类型使得我们不可能表征一个言述自身为真或为假的命题。给定类型的命题，其变元只能涵盖那些隶属于分支层级中更低层面的命题，从而自指命题被排除。[1]

这两种路径都已被应用于知道者悖论。蒙塔古认为，知道者悖论表明，知识（或必然性）必须用语句形成算子而非语句谓词来表征。[2] 在他的内涵逻辑 IL 的模型中，他把知识对象刻画为可能世界的集合，而非任何具备类语句结构的事物。正如世界集合不能以任何明显的方式自指，知识（或许还有信念）对象也不能指称它们自身，这便阻止了悖论性语句的构造。同样，丘奇（A. Church）和安德森（A. Anderson）已开始发展出一种关于知识与信念的罗素型逻辑，在其中，分支类型杜绝了自指对象。

蒙塔古和托马森都认为，卡普兰－蒙塔古悖论驳倒了任何关于心智态度对象的构造主义理论。构造主义理论把态度对象视为语句或具备准语法
结构的类语句实体，它们由弗雷格式涵义或者实际个体（如在罗素-卡普兰个体命题中）构成。蒙塔古和托马森主张，由于我们想让某些心智态度（如知识和理想信念）满足那些导致卡普兰－蒙塔古悖论的特定原则，我们要避免该悖论，就必须通过陈述算子而非语句谓词或类语句实体来表征态度。他们得出的结论是，态度对象必须被表征为相对而言非构造的对象，如可能世界的集合。

通过算子表征知识（及可证性），有着几个众所周知的缺点。首先，如果这种路径不允许对命题进行量化，它将使某些在自然语言中明显可表达的东西不可能获得表达。例如，珍妮知道比尔所知道的某事，约翰能够

证明某班上无人能证明的东西，等等。但是，如果允许对命题进行量化，并且能够为该语言增添一个用以表达语句与其所表达的命题之间关系的谓词，那么我们就能够定义一个语句谓词，它表征 x 知道/能够证明由语句 s 表达的命题。这个关系在如下意义上是语义上完全定义的：在这个扩充系统的每个模型中，该关系的外延被完全确定。因此，增添一个表征它的初始二元谓词到语言中，这样做似乎很自然。在适当条件下人们可以证明，支配知识或可证性算子的公理，也适用于这样定义的语句谓词，在这种情形中可通过与知道者悖论同样的方式得出矛盾。

在其他心智态度悖论（如知道者悖论）和塔斯基型说谎者悖论的直接引语版本之间，否证者悖论居于策略上的关键地位。像在塔斯基型说谎者悖论版本中那样，通过用语句算子代替关键的谓词以避免悖论，在否证者悖论这里是不可能的。显然，可证性是语句的性质，或某类具有语句结构的实体（如内涵上同构的语句组成的等价类）的性质。去问一个可能世界集可证与否，这是毫无意义的。

主观可证性十分接近于其他心智态度，以至于任何适用于知道者悖论或理想相信者悖论的解决方案，都应当有类似的方案适用于否证者悖论。如果退回到算子的做法无法用于避免否证者悖论，那么它应当也无法用于 88 避免其他关于心智态度的悖论。

进而，在本书第 1 章中，我在模态认知逻辑中（把"终极可证立性"视为算子而非谓词）构造了一个终极可证立性悖论的版本。这一版本表明，以算子的方式来表征命题态度并不足以避开悖论。

第（1）类解决方案中的第二种理论（罗素型内涵逻辑），也同样受制于使得有意义的自我应用不可能的困扰。我将在第 6 章中论证，内涵逻辑若足以刻画关于交互信念（或"公共知识"）情形的常识推理，则必定允许通过语句谓词（如"……是可证的"）实现有意义的自我应用，而分支类型层级对此显然限制太强。

逻辑二律背反的第（2）类解决方案，包括了所有坚持元语言与自然语言之间二分法的方案，其中，元语言表达了解决方案，自然语言则是解决方案的应用对象。这类方案中最著名的是克里普克的理论。[3]就克里普克理论的总体而言，正如他本人指出的，"塔斯基层级的幽灵仍伴随着我们"，因为"我们能够做出的某些关于对象语言的断定，无法在对象语言中做出"[4]。这一路径与塔斯基方案的不同之处在于，它允许对象语言的真值谓词有意义地且偶然为真地应用于对象语言本身的语句。通过为对象语言中的某些语句提供真值间隙或真值"盈余"（glut），塔斯基的否定性结论被避免。

这种路径的主要缺点是，自然语言似乎并不自然地划分出其所要求的元语言层级。克里普克谈及"先于哲学家语义学反思的本真态的自然语言"，或者"先于我们对有关真理概念的生成过程所进行的反思，并在非哲学说话者的日常生活中持续着的那个阶段上的自然语言"[5]，要为这样的自然语言提供语义。然而，看起来十分明显的是，无论我们这些哲学家如何在反思时深思熟虑，我们仍然言说着与我们在开始阶段所使用的同样的自然语言。

89 　唐纳兰（K. Donnellan）[6]和伯奇[7]已对本质上相同的观点进行了强有力的论证。真值间隙理论家告诉我们，说谎者语句是病态的，即它缺乏真值。这显然可以推出：说谎者语句不是真的。而这只是对说谎者语句本身的重述。如果对象语言与元语言是同一种语言，那么间隙理论家就已断定了某种东西，（根据其自身理论）由之可逻辑地推出某种不真的东西（因为它缺乏真值）。克里普克避开这个反对意见的方式，仅仅是拒绝将对象语言与元语言视为同一种语言。

这类解决方案的一种有所不同的路径，由古普塔和赫兹博格[8]提出，在其中，自然语言的真值谓词缺乏稳定的或确定的外延。这种解决方案的关键在于，谓词"是稳定/确定真的"不属于对象语言。进一步说，这种解决方案蕴涵着一种关于语义事实的反实在论立场，这是我不能赞同的。根据古普塔，谓词"真的"缺乏那种支配日常谓词（如"方的""红的"）外延的"应用规则"[9]相反只有一条"修正规则"，用以指明如何改进这个语词被给定的假设性外延。我非常喜爱"真的"在其中具备应用规则的那些解决方案。当我从真理转而考虑合理可证立性这一概念时，这种喜爱尤为强烈。如果我们只考虑何为自明可证立的，或者何为在反思过程的某个给定阶段上可证立的，那么古普塔-赫兹博格的构造是一个有用的描述性模型，描述了从一个阶段到另一个阶段所出现的波动。然而，如果我们在给定一个初始证据集合的情况下考虑何为终极可证立的，或者在语义学的情形中考虑何为稳定真的东西，那么悖论仍会出现。

第（3）类解决方案的观念由帕森斯提出。[10]帕森斯的想法是区分否认一个语句和断定它的否定。这使得他能够坚持一种悖论的真理间隙理论，同时不落入强化说谎者悖论的陷阱。原因在于他否认了语句"说谎者语句是真的"，但没有断定语句"说谎者语句不是真的"，因为对它做出断定就意味着肯定了说谎者语句本身。

虽然在限定于说谎者悖论的情形时，这种路径似乎很能奏效，但它完 *90* 全无法阻止与否证者悖论初始版本紧密相关的悖论性结果。根据帕森斯的想法，"一个理论不能等同于它让我们去接受的语句类，如通常所做的那样；理论必须独立指明须拒斥的语句类"[11]。一个关于接受与拒斥的逻辑必须告诉我们，给定被接受的语句与被拒斥的语句的初始集合，我们必须进一步地接受与拒斥哪些语句。给定自明可接受的语句集与自明可拒斥的语句集，我们称逻辑要求我们接受的语句为"可证的"［记作 $P(x)$］，称逻辑要求我们拒斥的语句为"可反驳的"［记作 $R(x)$］。

我们用对角线引理构造语句 G，它可证地等价于 $R‘G’$。令 ⊢* 表示否认的言外之力（illocutionary force）。未被前置 ⊢* 的语句可理解为被断定的。为了导出矛盾，我们需要如下公理模式和规则：

（A1）$R‘s’→P‘R‘s’’$，其中's'是一个标准名称

（A2）$(x)[Px→\sim R(x)]$

（R1）从 ⊢$(\varphi→\sim\varphi)$ 推出 ⊢*φ

（R2）从 ⊢*φ 推出 ⊢$R(‘\varphi’)$

模式（A1）声称，如果一个语句是可反驳的，那么该语句是可反驳的这一点是可证的（其中，该语句被一个标准名称命名，该名称的指称是认知可及的）。在以下假设成立的情况下这是没问题的：任何自明可接受的或自明可拒斥的东西都是自明的。

自明概念的关键在于说明数学证明概念的确定性。如果自明之物本身不是自明的，那么任何关于证明（或反驳）的确定性的解释都会面临无限倒退。如果每一个证明都是如此可辨识的（正如我在第 3 章所论证的），那

么于数学直觉而言自明的语句集必须能够被数学直觉能行地判定。

模式（A2）表达了我们的自明理论的相容性，即"人们既断定又拒斥的同一说法不能被证立"[12]。规则（R1）使得我们能够从接受对一个句子的归谬转向拒斥这个句子本身。给定任一合理的条件句三值真值表，它都将是有效的。例如，考虑强克林（Kleene）和卢卡西维茨（Lukasiewicz）的两个条件句真值表：

克林：

$\varphi \rightarrow \psi$	t	u	f
t	t	u	$\underline{f}$
u	t	$\underline{u}$	u
f	t	$\underline{t}$	t

卢卡西维茨：

$\varphi \rightarrow \psi$	t	u	f
t	t	t	$\underline{f}$
u	t	$\underline{t}$	u
f	t	$\underline{t}$	t

由于我们考虑"ψ"是"$\sim\varphi$"的情形，我们只需要查看对角线上带下划线的值。根据强克林真值表，"$(\varphi \rightarrow \sim\varphi)$"为真（$t$）的唯一情形是"$\varphi$"为假（$f$）。在这一情形中，拒斥"$\varphi$"的做法是正确的，并且规则（R1）是有效的。（请注意，这对于弱克林真值表同样成立。）根据卢卡西维茨真值表，"$(\varphi \rightarrow \sim\varphi)$"在以下两种情形中是真的：当"$\varphi$"为假，以及当"$\varphi$"是未定义的（$u$）。在这两种情形中，拒斥"$\varphi$"的做法是正确的，并且规则（R2）也是有效的。规则（R2）仅仅使得我们能够在实际驳倒一个语句的情况下，推出该语句的可反驳性。

我们引入一个标准名称 G，通过适当的命名程序它指称 $R(G)$。有这些假定便可产生矛盾：

$$(1)\ R(G) \rightarrow P(`R(G)')\qquad\qquad (A1)$$

$$(2)\ P(`R(G)') \rightarrow P(G)\qquad\qquad (1),\text{同一置换}$$

$$(3)\ P(G) \rightarrow \sim R(G)\qquad\qquad (A2)$$

$$(4)\ R(G) \rightarrow \sim R(G)\qquad\qquad (1)\text{—}(3)$$

$$(5)\ \vdash^* R(G)\qquad\qquad (4),(R1)$$

$$(6)\ R(`R(G)')\qquad\qquad (5),(R2)$$

$$(7)\ R(G)\qquad\qquad (6),\text{同一置换}$$

$$(8)\ \sim R(G)\qquad\qquad (4),(7)$$

由于 G 的恶性循环特征，帕森斯肯定会拒斥它。但是，如果我们能够由此推出 G 是可反驳的，那么我们似乎又被迫接受了 G。

　　逻辑二律背反的第（4）类解决方案旨在弱化用以导出矛盾的原则或逻辑（难以截然区分此二者）。有两种方式能够这么做。第一种是这样弱化系统的：我们仍能够导出"L 不是真的"，以及由此得来的 L（说谎者语句）本身，但我们不再能够导出"L 是真的"。第二种则进一步弱化系统：我们既不能够导出"L 是真的"，也不能够导出"L 不是真的"。第一种是费弗曼[13]在一篇文章中提出的，第二种则由马丁（D. A. Martin）[14] *92* 提出。马丁的路径是难以攻击的，但它把说谎者悖论的全部问题掩盖在一层神秘莫测的面纱之下。这种路径只具有最后迫不得已手段的意义。

　　费弗曼的方法有一个可疑的特征，它使得我们能够导出根据这一理论不真的语句。对于否证者悖论，这个缺点是致命的。因为费弗曼公理的类似物将使得我们能够证明那些我们同时能够证明其不可证的语句，若有这样的情形存在显然是不能令人满意的。特别地，我们将能够证明"D 不是可证的"，由此我们能够证明 D（悖论性的"否证者"语句）本身。

　　在费弗曼文章的系统 $S'(\equiv)$，即他所谓的一个"在经典谓词演算畛域中的类型豁免的形式系统"[15]之中，"$\equiv$"是一个刻画某种强等价的内涵算子。其采取的一般策略是，用内涵算子"$\equiv$"替代实质双条件句，以此弱化被用于导出矛盾的真理模式。

　　如费弗曼文中所述，关于"$\equiv$"的公理如下：

（1）$\equiv$ 是一种等价关系。

（2）$\equiv$ 由 $\sim$、$\wedge$、$\equiv$ 和 $\forall$ 保持。

（3）（ⅰ）$(\varphi \equiv t) \leftrightarrow \varphi$，对于原子的 φ

　　　（ⅱ）$(\varphi \equiv f) \leftrightarrow \sim\varphi$，对于 L_o 中原子的 φ，L_o 是该语言的非语义部分

（4）（ⅰ）$((\sim\varphi) \equiv t) \leftrightarrow (\varphi \equiv f)$

　　　（ⅱ）$((\sim\varphi) \equiv f) \leftrightarrow (\varphi \equiv t)$

（5）（ⅰ）$((\varphi \wedge \psi) \equiv t) \leftrightarrow (\varphi \equiv t \wedge \psi \equiv t)$

　　　（ⅱ）$((\varphi \wedge \psi) \equiv f) \leftrightarrow (\varphi \equiv f \vee \psi \equiv f)$

(6) (i) $((\forall x\varphi)\equiv t)\leftrightarrow\forall x(\varphi\equiv t)$

    (ii) $((\forall x\varphi)\equiv f)\leftrightarrow\exists x(\varphi\equiv f)$

(7) (i) $((\varphi\equiv\psi)\equiv t)\leftrightarrow D\varphi\wedge D\psi\wedge\varphi\equiv\psi$

    (ii) $((\varphi\equiv\psi)\equiv f)\leftrightarrow D\varphi\wedge D\psi\wedge\sim(\varphi\equiv\psi)$

其中 "$D\varphi$" 是 "$(\varphi\equiv t)\vee(\varphi\equiv f)$" 的缩写

(TA) $T(`\varphi')\equiv\varphi$

费弗曼提及一些在该系统中可证的引理，包括：

    (v) $(\varphi\equiv f)\to\sim\varphi$，对于所有的 φ[16]

正如邦德（M. W. Bunder）[17] 所注意到的，费弗曼的系统实际上有四种真值：

(0) $\varphi\wedge(\varphi\equiv t)$

(1) $\varphi\wedge\sim(\varphi\equiv t)$

(2) $\sim\varphi\wedge(\varphi\equiv f)$

(3) $\sim\varphi\wedge\sim(\varphi\equiv f)$

真值 0 和 2 是经典真值"真"和"假"。具有真值 1 的语句是可断定的但不是真的（或假的），而具有真值 3 的语句不是假的，但它们的否定是可断定的。费弗曼 "$\equiv$" 的真值表如下：

$\varphi\equiv\psi$	0	1	2	3
0	0	3	2	3
1	3	1	3	1
2	2	3	0	1
3	3	1	3	1

如果 φ 和 ψ 具有相同的经典真值，那么语句 "$\varphi\equiv\psi$" 是真的（0）；当 φ 和 ψ 都是真的，或者都是假的，或者都不真也不假时，它是可断定的。类似地，如果 φ 和 ψ 具有不同的经典真值，那么 "$\varphi\equiv\psi$" 是假的；当二者具有不同的经典真值，或者一个具有经典真值而另一个不具有时，它是可否认的。

我本着费弗曼对称的 "$\equiv$" 的精神引入非对称联结词 "$\Rightarrow$"。该联结词的语义将赋予"$\varphi \Rightarrow \psi$"如下意义：φ 的真值小于或等于 ψ 的真值（根据如下次序：假的 < 不真也不假的 < 真的）。真值表如下：

$\varphi \Rightarrow \psi$	0	1	2	3
0	0	3	2	3
1	1	1	3	1
2	0	1	0	1
3	1	1	3	1

进而可以增添如下公理模式：

(1^*) $\Rightarrow$ 是传递且自返的关系。

(2^*) $\Rightarrow$ 由 ~、$\wedge$、$\Rightarrow$ 和 $\forall$ 保持。

(3^*)（ⅰ）（a）$(t \Rightarrow \varphi) \leftrightarrow \varphi$，对于原子的 φ 或假的 φ

（b）$\varphi \Rightarrow t$

（ⅱ）（a）$\sim \varphi \leftrightarrow (\varphi \Rightarrow f)$，对于作为 L_o 原子公式的 φ

（b）$f \Rightarrow \varphi$

(4^*)（ⅰ）$(t \Rightarrow \sim \varphi) \leftrightarrow (\varphi \Rightarrow f)$

（ⅱ）$((\sim \varphi) \Rightarrow f) \leftrightarrow (t \Rightarrow \varphi)$

94

我们需要费弗曼引理（v）的类似物：

(v^*) $(\varphi \Rightarrow f) \rightarrow \sim \varphi$，对于所有的 φ

最后，我们需要一个知识模式：

$KA_\Rightarrow P(`\varphi') \Rightarrow \varphi$

如此公理化的 $S(\Rightarrow)$ 系统是相容的，这可通过与费弗曼对 $S'(\equiv)$ 所使用的证明本质上相同的证明来表明。首先，我们使用强克林真值表解释该联结词，把 $\Rightarrow$ 视为与实质条件句等价。其次，我们找到一个固定点模型 M^*。最后，我们通过如下真理定义构造一个经典二值模型 M：

（1）对于原子的 φ，$M \vdash \varphi \leftrightarrow [\varphi]_{M^*} = T$

（2）$M \vdash \sim \varphi \leftrightarrow M \vdash \varphi$

（3）$M \vdash (\varphi \wedge \psi) \leftrightarrow (M \vdash \varphi \ \& \ M \vdash \psi)$

94

(4) $M \vdash \forall x \varphi \leftrightarrow$ 对于任一 $m \in M$, $M \vdash \varphi[m/x]$

(5) $M \vdash (\varphi \Rightarrow \psi) \leftrightarrow [\varphi]_M \cdot \leq [\psi]_M \cdot$, 其中 $F < I < T$

容易表明, $S(\Rightarrow)$ 的每个公理都可在 M 中被验证为有效。

进而, 我们构造否证者语句 D 如下:

(1) $P(`{\sim}D') \Rightarrow P({\sim}`P(`{\sim}D')')$　(1*)(自返性),同一置换

这可通过一个命名指称语句 $P(\mathrm{Neg}(\tau))$ 的单独词项 τ 来实现, 其中的 "Neg" 是产生其变目的否定的函数。那么, 由 "$\Rightarrow$" 的自返性可得出第 (1) 行。(令 '${\sim}\varphi$' 表示 φ 的否定的名称。)由此, 我们能够推导如下[18]:

(2) $P(`{\sim}P(`{\sim}D')') \Rightarrow {\sim}P(`{\sim}D')$ 　 $(KA)_{\Rightarrow}$

(3) $P(`{\sim}D') \Rightarrow {\sim}P(`{\sim}D')$ 　 (1),(2),公理(1*)

　(传递性)

(4) $P(`{\sim}D') \rightarrow (t \Rightarrow P(`{\sim}D'))$ 　 公理(3*)(ⅰ)(a)

(5) $(t \Rightarrow P(`{\sim}D')) \rightarrow (t \Rightarrow {\sim}P(`{\sim}D'))$ (3),公理(1*)

　(传递性)

(6) $(t \Rightarrow {\sim}P(`{\sim}D')) \rightarrow (P(`{\sim}D') \Rightarrow f)$ 公理(4*)(ⅰ)

(7) $(P(`{\sim}D') \Rightarrow f) \rightarrow {\sim}P(`{\sim}D')$ 　 引理(v*)

(8) ${\sim}P(`{\sim}D')$ 　 (4)—(7),命题逻辑

如此, 我们便证明了 ${\sim}P(`{\sim}D')$, 即 $D$ 的否定。我们已证明了 ${\sim}D$, 并因而证明了 "'${\sim}D$' 是不可证的"。这是不可接受的, 因为如果我们已经实际地证明了一个语句, 我们当然应该能够推出它是可证的。如果我们给我们的系统增添一条必然化规则, 即由 $\vdash \varphi$ 推出 $\vdash P(`\varphi')$, 我们能够导出一个明确的矛盾:

95

(9) $P(`{\sim}P(`{\sim}D')')$ 　 (8),必然化

(10) $P(`{\sim}D')$ 　 (9),同一置换

一个费弗曼理论的辩护者可能这样回应, 应用到知道者悖论, 上述证明过程依赖于对两个不同的可知性概念的混淆。第一种可知性是严格意义上的, 即可衍推真理的知识。对于这种意义上的可知性或可证性, 每个形如 $P(`\varphi') \Rightarrow \varphi$ 的语句都是真的, 因为 $P(`\varphi')$ 总是至少如同 φ

一样真（使用 $f < u < t$ 的次序）。但是，对于 P 的这种解释，必然化规则并不是一条有效的规则，因为费弗曼的路径允许理想理论具有不真的结论（即它们是不确定的，如说谎者语句）。因此，一个语句能够从正确的公理被正确地推导出来，这一事实并不衍推它在这种严格意义上是可知的。或者说，如果 P 被解释为理想可断定的涵义，那么有些形如 $P(\,{}^{\backprime}\varphi{}^{\prime}) \Rightarrow \varphi$ 的语句是假的，因为也许尽管 φ 本身是不确定的，但 φ 仍是可断定的。这两种解释都不能同时具有$(KA)_{\neg}$ 和必然性规则，所以矛盾被阻止了。

作为回应，我将抓住两难的头一角。的确，在一个正确的证明所处的语境中，必然化规则并不总产生真语句，但这种状况同样在费弗曼的系统中出现（例如，说谎者语句可证但不真）。我仅仅需要声明，如果 φ 已被证明，那么 φ 在严格意义上是可知的这一点是可断定的。如果 φ 已被证明，那么它要么是真的要么是不确定的。因此，在可知性或可证性的严格意义上，$P(\,{}^{\backprime}\varphi{}^{\prime})$ 要么是真的要么是不确定的。进而，在我看来，它显然在每一种情形中都是可断定的：就声明某种东西是可知的而言，还有比对它做出正确的证明更好的根据吗？

第（5）类解决方案中的所有方案共享一个重要特征：把语句殊型而非语句类型作为基本的真理载体（或可证性载体）。这种想法最早由厄申科（A. P. Ushenko）[19] 和唐纳兰[20] 独立提出。围绕这种想法，帕森斯、伯奇、盖夫曼以及巴威斯和埃切曼迪的工作最为突出。这类解决方案将在下一章详述。

古普塔反对第（5）类解决方案，其根据是它们误把层次理论置于语用学中。古普塔认为层次理论隶属于语义学而非语用学，其理由似乎是，只要给定某语言的一个模型，该语言中"真的"的不同出现层次就可以完全固定。[21] 这看来与日常索引词和指代词的情况全然不同，然而果真如此吗？给定一个关于不同的索引词和指代词之指称如何被它们所处殊型的不同事实确定下来的理论，难道我们不能建构一个关于语句殊型赋值的模型论解释，而不是简单地把索引词的所指留给"非形式语用学的垃圾堆"吗？

日常索引词和像"真的"这样的谓词之共性在于，在此二者的情形中，对包含它们的一个殊型进行赋值，都要依赖于有关该殊型的事实，而非仅仅依赖于它的语言学类型。在"这里"与"现在"的情形中，赋值依赖于有关殊型的时空事实。在"真的"的情形中，赋值依赖于有关以下问题的事实，即哪些其他的殊型将语义谓词应用于指示该殊型的词项？

如果一种语言丰富到（如果必要）足以表达任何有关殊型的事实，这些事实可以参与确定殊型的索引词的指称，那么，给定该语言的无索引词部分的模型，这个部分的域包括了被赋值的殊型，我们可以生成所有殊型的语义赋值，包括那些其类型含有索引性元素的殊型。例如，考虑索引词 here（"这里"）。英语已具备表达殊型与地点之间必要关系的能力：is-located-at（x，y）（是 – 定位 – 于（x，y））。取任一模型，它是关于英语的无索引词部分的，该部分的域包含被赋值的所有殊型。接着，我们可以构造一个函数，HERE（x，M），它给出了语词 here 的所指，因为它出现在与模型 M 相关的殊型 x 中（M 是一个模型，它关涉英语的无索引词部分，并且 x ∈ M 的域）。HERE（x，M）= y 当且仅当 < x，y > 属于谓词 is-located-at（x，y）在 M 中的外延。

"真的"的索引性与"这里"和"现在"的不同之处在于，对于"真的"的所有出现，其外延的指派都服从于整体性的制约。我们不能为"真的"的出现逐个指派外延，如我们能够对"这里"和"现在"所做的那样。相反，每次指派的正确性都依赖于其他已做出的指派。不过，给定一个模型 M，其域包含所有被赋值的殊型，以及那些为给定语言的所有非语境敏感谓词和常项指派外延的殊型，则我们能够仅仅依赖 M，为语句殊型（其类型包括"真的"的出现）的一种语义赋值的达成描述一个递归程序。

注释

［1］我不把丘奇的工作归入自然语言说谎者悖论上述解决方案的任一类，丘奇把罗素型分支类型论应用于作为语句谓词的"真的"上［Church（1976）］。与塔斯基一样，丘奇所关心的是在形式语言中而非自然语言中避免悖论。在下一章中我将考虑，把丘奇提出的类似于层级路径的处理方式应用于自然语言。

［2］Montague（1963）.

［3］Kripke（1975）.

［4］Ibid., in Martin（1984）, pp. 79-80.

［5］Kripke（1975）, p. 80 n 34.

［6］Donnellan（1970）.

［7］Burge（1979）.

［8］Herzberger（1982）; Gupta（1982/84）.

［9］Gupta（1984）, p. 212.

［10］T. Parsons（1984）.

［11］Ibid., p. 141.

［12］Ibid.

［13］Feferman（1982）.

［14］D. A. Martin,"说谎者悖论"研讨会论文, 加利福尼亚大学, 洛杉矶, 1985 年 10 月 14 日。

［15］Feferman（1982）, pp. 267-8.

［16］Ibid., p. 268.

［17］Bunder（1982）.

［18］Feferman（1982）, pp. 266-7.

［19］Ushenko（1957）.

［20］Donnellan（1957）.

［21］Gupta（1982/84）, p. 204.

第6章　说谎者悖论的三种语境敏感解决方案

　　　近年来，伯奇[1]、盖夫曼[2]以及巴威斯和埃切曼迪团队[3]，都为说谎者悖论提出了新颖有趣的解决方案。这三种方案具有显著的家族类似性。在本章中，我要探讨这三种方案重要的相似和不同。我还要表明如何扩充盖夫曼理论，以便为其他两种方案提供它们需要的形式语用学。最后我将证明，在自然语言的语义解释中，只需要"真理"（truth）的两个层面，即第0层真（$true_0$）和第1层真（$true_1$）。

　　　所谓"强化的说谎者悖论"，为这三种理论的形成提供了一个重要动因。这种悖论抵制任何试图通过区分假与其他各种非真情形（真值间隙，或者不能表达命题）来解决悖论的理论。考虑下面的说谎者语句（A）：

　　　（A）语句（A）不是真的。

真值间隙论者认为，这种悖论性语句既不真也不假（或许是因为它们"不能表达命题"）。这样，语句（B）就是这种真值间隙立场的一个结果：

　　　（B）语句（A）不是真的（因为处于间隙）。

而语句（B）就是语句（A），因此真值间隙论者被迫把自己理论的一个片段描述为既不真又不假，不能表达命题。盖夫曼把说谎者悖论描述为一种语义"黑洞"，把各种解悖方案吸入空无。无穷递降链则构成另一种黑洞，例如：

　　　（1）语句（2）不是真的，

　　　（2）语句（3）不是真的，

　　　…………

起初我们想说明，由于这个递降链的语义病态性，链中的所有语句都不能表达命题。特别地，我们想要说，像该链的其他部分一样，语句（1）不是真的。但是，这种说法可以标记为"语句（0）"（第 0 层语句），并且可以在该链中找到它的适当位置。该链的一个否定语义赋值，不过是更大递降链的一部分。

解决说谎者悖论的伯奇方案，其关键在于假定谓词"真的"之外延按照会话语境而变化，正像诸如"这里"和"现在"之类的"索引"表达式的外延那样。谓词"真的"之每次出现，都在语境上对应于一个准塔斯基层级的某个层面（然而，这种层级不是语言或谓词的层级，而是同一个语境敏感谓词的层级）。在伯奇的系统阐述中，虽然这种层级的一个层面都对应于每个序数（这将在本章第 2 节中阐述），但只需两个索引表达式即可。一个语句殊型的一次特定说出或断言，由于它表达的"伯奇型命题"而（在任何给定层面）为真或为假，其中一个伯奇型命题包括一个英语语句类型和该语句类型的每个索引性元素的一个索引值指派（特别地，"true"每次出现的一个序数指派）。伯奇把自然英语用作一种隐含的类型语言，一种非正统的类型语言：它的类型层次根据语境进行指派，而不是唯一取决于说者的意向和知识，并且这些类型不限制语句的合式性（well-formedness）。

伯奇以如下方式来分析这种黑洞现象。语句（A）被解释为表达伯奇型命题：（A）不为第 0 层真（true_0）。由于其循环性，语句（A）既非第 0 层真，又非第 0 层假（false_0）：这里存在第 0 层真值间隙（truth_0-value gap）。因为存在这样一个间隙，所以"（A）不为第 0 层真"便是真的。故一定能够断定（C）：

    （C）语句（A）是真的。

语句（C）被解释为表达命题：（A）为第 1 层真（true_1）。于是，就可以断定（A）和（C）而不至于陷入矛盾。语句（A）既不为第 0 层真，而又为第 1 层真。通过表明矛盾仅仅是表面的，悖论就被解决了。无穷递降链可以用相似方式来处理。链的每个语句都非第 0 层真而为第 1 层真。

在他们所谓的"奥斯汀型语义学"中，巴威斯和埃切曼迪同意伯奇关于自然英语之"true"的外延存在变化。按照他们的观点，语句表达奥 *100*

斯汀型命题，这样的命题包括三个成分：英语语句类型，对于该类型的索引和指示（demonstrative）元素的外延指派，以及该命题关于世界的一个偏模型（即一个情境）。谓词"true"本身不是索引性的，但它在一个命题中的一次出现是按照该谓词在相关情境中的一部分外延来赋值的。

本章特别关注巴威斯和埃切曼迪所谓的"否认性说谎者"（denial liar），它是按照否定的两种可能解释之一而构造出来的。这种说谎者陈述对应于循环命题，例如 l_s：

$$l_s = \sim \{s;\ \text{true}\ (l_s)\}$$

如果 s 是一个实际情境，因为它对于 l_s 而言是实际可表达的，那么该说谎者命题事实上就是真的：情境 s 不能是使 l_s 为真的世界的一个部分。命题 l_s 相对于世界或它的任何够大的部分而言是真的，但相对于情境 s 而言则不真。相似地，该无穷递降链中的每个命题都是真的，而在它所相对的情境中则都不是真的。

伯奇理论与巴威斯和埃切曼迪理论之间的四种不同，就立刻显现出来了。第一，巴威斯和埃切曼迪运用阿泽尔（P. Aczel）的非良基（non-well-founded）集合论来构造确实包含自身的命题，而伯奇则按照自指陈述或断定（即包含一个指称该陈述自身的项）来建模悖论性。把伯奇模型翻译为巴威斯和埃切曼迪的形式体系，是相对容易的，这本质上就是把命题名称替换为命题本身。第二，对于巴威斯和埃切曼迪来说，情境参量的作用超过引进"true"的外延的可变性：一个命题的情境可以确定该命题的量化变元的论域。为了避免布拉里-弗蒂悖论（Burali-Forti paradox）（在这里是避免"true"的出现被指派一个不可能包含所有序数的序数），伯奇就必须追随帕森斯，不但把一个语境敏感元素归属于"true"，而且归属于量化变元。因此，一个完整的伯奇理论就更紧密地类似于巴威斯和埃切曼迪的理论。第三，一种伯奇型语言更有表达力，因为"true"的几

次出现可以相对于同一命题中的不同序数层面，而每个奥斯汀型命题则只有一个情境参量。巴威斯和埃切曼迪理论的一个很小的改变就会消除这种不同：当一个命题包含多于一个"true"的出现时，该命题是相对于一个参量（这里的"参量"是一个情境，或者是参量的一个有穷序列）而言

的，而不是相对于一个情境而言的。第四，伯奇型语言不但必须增加一个
"外部"否定形式，而且必须增加一个"内部"否定形式，这个内部否定
形式仅仅适用于原子公式，对应于巴威斯和埃切曼迪的体系中的肯定原子
命题的对偶（dual）。这四种变化在后面部分中都有更详细的阐述。

　　盖夫曼的研究始于尝试提供一种算法，以把伯奇型序数层面指派给
"true"的实际出现。他后来放弃了这种方案，而另外发展出一种更简单
的语义学，它完全略去伯奇型命题，而具体的语句殊型则得到直接赋值。
盖夫曼坚持区分自指殊型（A）与同一类型的非自指殊型（B）：

　　　　（A）（A）不是真的。

　　　　（B）（A）不是真的。

盖夫曼算法赋值（A）为不真，而赋值（B）为真。然而，盖夫曼理论并
不能以同样简练的方式解决无穷递降链问题。对于他的理论来说，仍然存
在着一种黑洞。

　　盖夫曼对于该问题研究的主要贡献是，他构造了一种算法来为语句殊
型或其所谓"指针"（pointers）之网进行赋值。一个殊型集是一个有向图
（directed graph），其中的节点（nodes）都是语句殊型，而有向边（direct-
ed edges）则代表调用关系（calling relation）。一个殊型调用另一个殊型，
如果第二个殊型是第一个殊型的一个逻辑成分（诸如一个合取支或析取
支），或者第一个殊型是一个原子语句殊型，它含有一个指谓第二个殊型
的项。一个殊型在这种网中的位置（location）构成该殊型的语境，这相
应于给它指派的伯奇型层面或奥斯汀型情境。在本章最后一节中，我将详
细描述一种把伯奇型层面指派给"true"的出现的盖夫曼式算法。盖夫曼
工作的这种扩充成果具有两个重要优点。首先，这有助于统一解决（（A）
与（B）的）循环问题和伯奇理论（以及巴威斯和埃切曼迪理论）可能 *102*
导致的递降链问题。其次，这可以解释（而盖夫曼不能解释），为何同一
类型的不同殊型可以（明显地）具有不同的语义值。如果（A）不是真
的而（B）是真的，那么这必定是因为（A）与（B）的内容有所不同，
尽管它们是同一类型的殊型，或者在给（A）和（B）赋值时所用的两个
"真的"之外延不同，或者二者兼而有之。

6.1 伯奇型语义学与奥斯汀型语义学的同态性

为了集中关注像"true"这样的语义表达式引进的语境敏感性以简化问题，我假定伯奇型语言和奥斯汀型语言都不包含集合论表达式。有关在这种语言中可表达的命题的事实，仅仅是指语义事实（真与假），以及特定语句殊型表达什么命题的事实。

为了在标准集合论中精确刻画这种同态性，我假定一个集合 U，它是由伯奇型命题和"指称封闭"的具体对象组成的。所谓 U 指称封闭，我的意思是指，U 的每个命题的论域都是 U 自身的一个子集。由于每个伯奇型命题都有一个集合作为它的论域，所以每个命题集都可以扩充为这样一个指称封闭的集合。

正如前面简单提到的那样，为了成为伯奇理论的同态对象，奥斯汀型命题理论必须做几个方面的修改。首先，否认性否定（denial negation）须转化为真正的可迭代的语句联结词。其次，必须虑及逻辑复杂命题的参量有可能是情境的一个有穷序列，而非总是一个情境。巴威斯和埃切曼迪的定义 1[4] 是事态类（SOA）、情境类（SIT）、原子类型类（ATTYPE）和命题类（PROP）的一个同步定义，须以下列方式进行修改。

预备定义：令 X 是有序对集合 $\{x;y\}$。X 的闭包 $\Gamma(X)$ 是包含 X 的最小集合，并且在下列条件下封闭：

（1）如果 $Y \subset \Gamma(X)$，并且 Z 是 Y 的元素的一个有穷序列，那么 $[\wedge Z]$ 和 $[\vee Z]$ 都在 $\Gamma(X)$ 之中。

（2）如果 $Y \subset \Gamma(X)$ 是一个无穷集，并且对于每个 y，$y' \in Y$ 来说，$Par(y) = Par(y')$，而且 y 和 y' 是结构同态的，那么 $[\forall Y]$ 和 $[\exists Y]$ 都在 $\Gamma(X)$ 之中。

（3）如果 $z \in X$，那么 $[\sim z]$ 在 $\Gamma(X)$ 之中。

如果 $x = \{y;z\}$，那么 $Par(x) = y$；

如果 $x = [\sim z]$，并且 $Par(z) = r$，那么 $Par(x) = r$；

如果 $x = [\wedge Z]$ 或 $x = [\vee Z]$，其中 Z 是一个 n 元序列，并且 Par

$(Z_0) = r_0$，$Par(Z_1) = r_1$，$\cdots$，$Par(Z_n) = r_n$，那么 $Par(x) = <r_0, r_1, \cdots, r_n>$；

如果 $x = [\forall Y]$ 或 $x = [\exists Y]$，并且对于某个 $y \in Y$ 而言，$Par(Y) = r$，那么 $Par(x) = r$。

r 是 p 的一个子参量，当且仅当（i）$Par(p) = r$，或者（ii）r 是 p 的一个子参量的一个成分。

$About(p) = $ 属于 p 的某个子参量的情境的集合的并。

定义：令 SOA、SIT、ATTYPE 和 PROP 是最大的类，满足：

*每个 $\sigma \in$ SOA 的形式是 $<H, a, c; i>$（一种典型的非语义原子命题）或者 $<Tr, p; i>$，其中 H、Tr 是不同的原子，a 和 c 都是具体个体，i 是 0 或 1，并且 $p \in$ PROP。

*每个 $s \in$ SIT 都是 SOA 的一个子集。

* 每个 $p \in$ PROP 都属于 $\Gamma($ATPROP$)$。

* 每个 $p \in$ ATPROP 都具有形式 $\{s; \sigma\}$，其中 $s \in$ SIT，并且 $\sigma \in$ SOA。

至此，我可以为那些修改的奥斯汀型命题引进如下真值定义了：

(1) 命题 $\{s; \sigma\}$ 真，当且仅当，$\sigma \in s$。

(2) 命题 $[\sim p]$ 真，当且仅当，p 不是真的。

(3) 命题 $[\wedge Z]$ 真，当且仅当，Z 的每个元素都真。

(4) 命题 $[\vee Z]$ 真，当且仅当，Z 中有元素为真。

(5) 命题 $[\forall X]$ 真，当且仅当，X 的每个元素都真。

(6) 命题 $[\exists X]$ 真，当且仅当，X 中有元素为真。

现在来刻画如何构造一个模型 s^*，它包含的事态涉及具体对象并可表达奥斯汀型命题。它同态于给定的伯奇模型 M，它的定义域 U 是具体对象和伯奇型命题。这里的命题仅指可表达的奥斯汀型命题，即其参量只包含实际情境的奥斯汀型命题，因为在伯奇模型中没有东西对应于不可达命题的语义赋值。相反，给定任何适当的完全奥斯汀型情境（complete Austinian situation），并给定关于实际情境的一个假定，即每个实际情境都是语义良基的，那么一个同态的伯奇模型就可以被构造出来。语义良基性

可以定义如下:

情境 s 是语义良基的,当且仅当存在一个序数 α 和以 α 为序型的一个情境序列 S: s_0, $\cdots$, s_β, $\cdots$, 使得

(1) $s = \cup S$, 并且

(2) s_0 不包含语义的 SOA(诸如 $<Tr, p; 0>$ 或 $<Tr, p; 1>$)

(3) 对于每个 $\beta < \alpha$, 如果 s_β 包含 $<Tr, p; 1>$, 那么对于某个 $\gamma < \beta$

(a) 如果 $p = \{s', \sigma\}$, 则 $\sigma \in s' \cap s_\gamma$,

(b) 如果 $p = \sim q$, 则 $<Tr, q; 0> \in s_\gamma$,

(c) 如果 $p = [\wedge Z]$ 或 $[\forall Z]$, 则对于 Z 的所有元素或成分 z 而言,$<Tr, z; 1> \in s_\gamma$,

(d) 如果 $p = [\vee Z]$ 或 $[\exists Z]$, 则对于某个 z 而言,$<Tr, z; 1> \in s_\gamma$。

(4) 对于每个 $\beta < \alpha$, 如果 s_β 包含 $<Tr, p; 0>$, 那么对于某个 $\gamma < \beta$

(a) 如果 $p = \{s', \sigma\}$, 则(i)$s' \subseteq s_\gamma$, 或者(ii)σ 或它的对偶 $\in s_\gamma$,

(b) 如果 $p = \sim q$, 则 $<Tr, q; 1> \in s_\gamma$,
等等。

这样的序列 s_0, $\cdots$, s_β, $\cdots$, 被称作 s 的一个基础序列(foundation series)。

假定所有实际情境都是语义良基的,体现了真理有根基之直觉,以及语义事实总是伴随非语义事实之直觉。这种假定的一个重要推论是,所有可表达的"言真者命题"("本命题是真的")都是假的。这种假定被构造进伯奇型语义理论。

定义:对于每个情境 s 而言,$P(s)$ 是包含满足如下条件的 p 的最小集合,即对于 $P(s)$ 中的某个 q 而言,或者 $<Tr, p; i> \in s$, 或者 $<Tr, p; i> \in Par(q)$。

定义:一个情境 s 是基础完全的(fundamentally complete),当且仅当存在一个情境 s_0, 使得对于每个非语义 SOA 的 β 而言,β 或者它的对偶属于 s_0, 并且对于所有 $p \in P(s)$ 而言,$s_0 = \{\beta \in Par(p): \beta$

是非语义的}。

情境 s_0 表示关于实际世界的非语义（具体）事实之总体。在基础完全的 s 中，$P(s)$ 内的所有命题都只以 s_0 的扩充情境为参量。

一个伯奇型语言缺少资源给相应于非基础完全情境的命题进行赋值。由于缺乏基础完全性不影响巴威斯和埃切曼迪的说谎者悖论分析，所以我规定这里关心的所有情境都是基础完全的。

一个伯奇模型 M 包括一个定义域 U，给语言的所有常项和非语义谓词指派外延的一个解释函数 V，以及一个无穷解释序列 $[Tr_0]$，$[Tr_1]$，…，$[Tr_\alpha]$，…。每个解释 $[Tr_\alpha]$ 都包括不相交集 $[Tr_\alpha]^+$ 和 $[Tr_\alpha]^-$，它们分别表示 "true$_\alpha$" 的外延和反外延。在一个完全伯奇模型中，对于每个 α 而言，$[Tr_\alpha]^+ \cup [Tr_\alpha]^- = \{U$ 中的命题集$\}$。外延的层面是累积性的，$[Tr_0]^+ \subseteq [Tr_1]^+ \subseteq [Tr_2]^+ \subseteq$……在完全模型中，对于 U 中的每个命题 p 而言，都存在一个 α，使得 $p \in [Tr_\alpha]^+$ 或者 ~$p \in [Tr_\alpha]^+$。

设模型 M 是指称封闭的（正像已经解释的那样）和逻辑饱和的（logically saturated）：如果一个命题 p 在命题 $q \in U$ 的论域之内，或者如果 p 是 $q \in U$ 的逻辑成分（即析取支、合取支、否定项），或者是 $q \in U$ 的一个量化实例，那么 $p \in U$。每个伯奇型命题 $[\varphi, f]$ 都包括语言 L（包含谓词 "真的"）的一个语句类型 φ 和对于在 φ 中 "真的" 之出现的一个序数指派 f。"真的" 之外延的序列随附于偏模型 (U, V)。

我将定义模型的一个超穷序列 M_0，M_1，…，M_β 的构造，其中 M_β 是由 (U, V) 决定的完全伯奇模型，序数 β 是 U 中的伯奇型命题的所有函数之值域的极小上界。在 M_0 中，$[Tr_0]^+$ 是由第 0 层真的外延组成的，这来自运用强克林真值表，并同时构造每个 α 的第 α 层真（true$_\alpha$）的外延和反外延，而达到克里普克在《真理论论纲》中构造的极小固定点（minimal fixed point）。[5] 遵循克里普克，构造一个偏模型序列 $M_{0,0}$，$M_{0,1}$，…，$M_{0,\delta}$。在 $M_{0,0}$ 中，对于每个 α 而言，外延 $[Tr_\alpha]^+$ 和反外延 $[Tr_\alpha]^-$ 都是空的。对于所有 α，（运用强克林真值表）被 $M_{0,0}$ 证实的所有语句都添入模型 $M_{0,1}$ 中的外延 $[Tr_\alpha]^+$；相似地，对于所有 α，被 $M_{0,0}$ 证伪的所有语句都添入 $M_{0,1}$ 中的 $[Tr_\alpha]^-$。重复这一进程，直至达到一个极小固定点 $M_{0,\delta}$。对于所有 α 而言，M_0 中的外延 $[Tr_\alpha]^+$ 等于该固定点模型 $M_{0,\delta}$ 中的外延 $[Tr_\alpha]^+$。对于 $\alpha > 0$ 来说，M_0 中的反外延 $[Tr_\alpha]^-$ 等于 $M_{0,\delta}$ 中的 $[Tr_\alpha]^-$。然而，反外延 $[Tr_0]^-$ 不是由在该极小固定点上的第 0 层真（true_0）的反外延组成的；相反，它是由相对于该命题集的 $[Tr_0]^+$ 的补（complement）组成的。因此，在达到克里普克极小固定点后，"true_0" 的解释就封闭了，该固定点上的每个不在 $[Tr_0]^+$ 中的命题都被抛入 $[Tr_0]^-$。

模型 M_1 是在解释 "true_1" 时运用克里普克的构造而到达一个极小固定点所产生的结果。我们再次从一个模型 $M_{1,0}$ 出发，它在这种情形中等于 M_0。在模型 $M_{1,1}$ 中，对于所有 $\alpha > 0$，外延 $[Tr_\alpha]^+$ 是由被 $M_{1,0}$ 证实的所有语句构成的，反外延 $[Tr_\alpha]^-$ 是由被该模型证伪的所有语句构成的。$[Tr_0]$ 的真值保持不变，它在第一阶段上是永久固定的。模型 M_1 是由封闭该构造的极小固定点上的 "true_1" 的解释构成的。因此，相对于 $[Tr_1]$ 的真值而言，所有更高层面的模型都符合 M_1。在每个模型 M_α 中，对于后继序数 α 而言，Tr_α 的赋值是从模型 $M_{\alpha-1}$ 出发，在克里普克构造的极小固定点上来封闭 "true_α" 的解释的结果。在极限序数 λ 那里，对于每个高于或等于 λ 的序数 μ，以及对于 $\gamma < \lambda$ 而言，模型 M_λ 把所有 $[Tr_\lambda]^+$ 的并指派给外延 $[Tr_\mu]^+$。对于序数 $\mu > \lambda$，以及对于 $\gamma < \lambda$ 而言，M_λ 把 $[Tr_\gamma]^-$ 的并指派给反外延 $[Tr_\mu]^-$。相对于 U 中的命题集，M_λ 上的反外延 $[Tr_\lambda]^-$ 是 $[Tr_\lambda]^+$ 的补。重复这种进程直至模型 M_β；在这点上，在 U 的命题中出现的序数集就被穷尽了。U 的每个命题都被 M_β 证实或证伪。

我用 "~" 来表示伯奇型语言中的外部否定，用粗体原子公式来表示内部否定。对于非语义原子公式 "Hab" 来讲，内部否定的定义是：$[\textbf{Hab}, f]$ 为真，当且仅当 $V(\text{Hab}) = 0$，其中 V 可能是一个偏函数。相反，外部否定的定义是：$[\sim \text{Hab}, f]$ 为真，当且仅当 $V(\text{Hab}) \neq 1$。对于原子语义公式来说：

$$M_{\alpha,\beta} \vdash [Tr[\psi, g], f]，当且仅当，Tr[\sim\psi, g] \in [Tr_{f(0)}]^+ \text{ at } M_{\alpha,\beta}$$
$$M_{\alpha,\beta} \vdash [\sim Tr[\psi, g], f]，当且仅当，Tr[\psi, g] \in [Tr_{f(0)}]^- \text{ at } M_{\alpha,\beta}$$

给定相同的 D 和 V，就可以用下列方式构造一个同态的奥斯汀模型。

相应于 V 的解释，存在一个情境（一个事态集）。该情境被称作 s_0。把 M_0 包含的所有语义事实都添加至 s_0，就得到情境 s_1。类似地，相应于每个模型 M_α，都存在一个情境 $s_{\alpha+1}$。最后，相应于完全模型 $M(=M_\beta)$，存在一个情境 $s(=s_{\beta+1})$。情境 s 可以是一个奥斯汀模型，除了它包含关于伯奇型命题的语义事实，而不是包含关于奥斯汀型命题的语义事实。为了改正这个问题，把 U 中的命题的伯奇型参量替换为奥斯汀型参量即可，结果是一个新的（但完全同态的）情境 s^*。这不过就是把伯奇型命题的函数值域中的每个序数 α 都替换为情境 $s^*_{\alpha+1}$，把伯奇型公式中的每个常项都替换为奥斯汀型命题 $(c^M)^*$，其中通过相同转换，$s^*_{\alpha+1}$ 来自 $s_{\alpha+1}$，而 $(c^M)^*$ 则来自 c^M。按照阿泽尔的反基础公理，这样一个情境是存在的。为了证明它，可以构造一个表征伯奇型命题之中的指代关系和命题关系的有向图体系。这种体系具有唯一的"装饰"（decoration）（它把集合指派给节点）。[6]重要的是，命题之间的相同陈述被排除出这种语言，因为这显然是两种理论的一个分歧之点。

定理 1：情境 s^* 同态于 M。

同态 τ 可以通过递归来定义：

$\tau[Hab, f] = \{s_0, <H, a, b; 1>\}$,

$\tau[\boldsymbol{Hab}, f] = \{s_0, <H, a, b; 0>\}$,

$\tau[\sim\varphi, f] = \sim\tau[\varphi, f]$,

$\tau\{z_1 \wedge z_2 \cdots \wedge z_n, f\} = [\wedge <\tau[z_1, f_1], \tau[z_2, f_2], \cdots, \tau[z_n, f_n]>]$,

其中对于 z_i 中的"Tr"的每次出现 x 而言，$f(x) = f_i(x)$,

$\tau[\forall X, f] = [\forall \{\tau[x, f] : x \in X\}]$,

$\tau[Tr[\varphi, f], g] = \{s_{g(0)+1}, <Tr, \tau[\varphi, f]; 1>\}$,

$\tau[\boldsymbol{Tr}[\boldsymbol{\varphi}, \boldsymbol{f}], g] = \{s_{g(0)+1}, <Tr, \tau[\varphi, f]; 0>\}$,

$\forall x(x$ 不是命题 $\rightarrow \tau(x) = x)$。

显然，τ 是一个一一对应函数。非语义谓词的解释都是同态的：

$V('H', <x, y>) = 1$，当且仅当，$<H, \tau(x), \tau(y); 1> \in s_0$

$V('H', <x, y>) = 0$，当且仅当，$<H, \tau(x), \tau(y); 0> \in s_0$

这样，还要证明 M 与 s^* 之中的"真的"之解释是同态的，即：

$$[\varphi, f] \in [Tr_\alpha]^+，当且仅当，<Tr, \tau[\varphi, f]; 1> \in s^*_{\alpha+1}，并且$$

$$[\varphi, f] \in [Tr_\alpha]^-，当且仅当，<Tr, \tau[\varphi, f]; 0> \in s^*_{\alpha+1}。$$

按照伯奇模型的建构，Tr_α 的解释一开始就在模型 M_α 上得到确定。因此，s^* 的定义保证这两个双条件句为真。

　　类似地，给定任何语义良基的可能奥斯汀型情境 s，它不包含 s-不可表达（s-inexpressible）命题，就可以构造一个同态的伯奇模型 M。首先，s 必须被扩充为一个"伯奇型"情境 s'。

　　定义：相对于集合 P，一个可能情境 s 是克林封闭的，当且仅当对于每个命题 $p \in P$：

　　(1) 如果 $p = \{s', [\sigma]\}$ & $\sigma \in s' \cap s$，那么 $<Tr, p; 1> \in s$。

　　(2) 如果 $p = \{s', [\sigma]\}$ & $\sigma \notin s'$ & σ 或 σ 的对偶 $\in s$，那么 $<Tr, p; 0> \in s$。

　　(3) 如果 $p = \sim q$ & $<Tr, q; 1> \in s$，那么 $<Tr, p; 0> \in s$。

　　(4) 如果 $p = \sim q$ & $<Tr, q; 0> \in s$，那么 $<Tr, p; 1> \in s$。

　　(5) 如果 $(p = [\wedge X]$ 或 $p = [\forall X])$ & $(\exists x \in X)(<Tr, x; 0> \in s)$，那么 $<Tr, p; 0> \in s$。

　　(6) 如果 $(p = [\wedge X]$ 或 $p = [\forall X])$ & $(\exists x \in X)(<Tr, x; 1> \in s)$，那么 $<Tr, p; 1> \in s$。

　　(7) 如果 $(p = [\vee X]$ 或 $p = [\exists X])$ & $(\forall x \in X)(<Tr, x; 1> \in s)$，那么 $<Tr, p; 1> \in s$。

　　(8) 如果 $(p = [\vee X]$ 或 $p = [\exists X])$ & $(\forall x \in X)(<Tr, x; 0> \in s)$，那么 $<Tr, p; 0> \in s$。

令相对于 $P(\text{'}k_P(s)\text{'})$ 而言，情境 s 的克林封闭是由 s 扩充而来的最小克林封闭情境。

　　定义：可能情境 s 是相对于集合 P 而言的情境 s' $[s = \rho_P(s')]$ 的封闭，如果对于所有命题 $p \in P$ 而言，s 是最小的情境，使得

　　如果 $p = \{s'', <Tr, q; i>\}$，$s'' \subseteq s'$，并且 $<Tr, q; i> \notin s''$，那么 $<Tr, p; 0> \in s$。

　　定义：一个情境 s 是伯奇型情境，当且仅当存在一个情境序列 $S = <s_0, s_1, \cdots>$ 和一个集合 P，使得

　　（1）s_0 不包含语义的 SOA，并且 s_0 相对于非语义事实而言是完全的，

　　（2）$s_1 = k_P(s_0)$，

　　（3）对于所有后继序数 α 而言，$s_{\alpha+1} = k_P(\rho_P(s_\alpha))$，

　　（4）对于所有极限序数 λ 而言，$s_{\lambda+1} = \cup_{\alpha < \lambda} s_\alpha$，并且

　　（5）$s = \cup S$。

　　定义：满足条件（1）到（5）的一个序列 S，对于某个集合 P 而言，是情境 s 的一个伯奇型基底（Burgean basis）。

显然，每个伯奇型情境 s 都有唯一的伯奇型基底。（令 s_0 是不包含语义的 SOA 之情境的极大子情境，并且令 P 是 $P(s)$。）

　　定理 2：每个基础完全的情境 s，若在语义良基模型 A 之中且满足 $P(s)$ 不包含 A－不可表达命题，都可以被扩充为一个在 A 之中的伯奇型情境 s^*。

证明（见附录 B）。 $\qquad\qquad\qquad\qquad\qquad\qquad$ *109*

符合定理 2 之条件的每个伯奇型情境 s 都同态于某个伯奇模型 M。一个同态 μ 可以被递归定义（令 "$\mu_1(x)$" 表示 $\mu(x)$ 的第一个成分，"$\mu_2(x)$" 表示 $\mu(x)$ 的第二个成分）：

$$\mu\{s', <H, a, b; 1>\} = [\,\mathrm{Hab}, \varnothing\,];$$

$$\mu\{s', <H, a, b; 0>\} = [\,\mathbf{Hab}, \varnothing\,];$$

$$\mu(\sim p) = [\,\sim\mu_1(p), \mu_2(p)\,];$$

$$\mu(\wedge Z) = [\,\{\mu_1(z_1) \wedge \cdots \wedge \mu_1(z_n) : z_i \in Z\}, \mu_2(Z)\,]$$

$$\qquad = \mu_i(z_i)[\,m - t_i\,], \ t_i \text{ 是 } \{z_1, \cdots, z_{i-1}\} \text{ 中 "} Tr \text{" 的出现次数，}$$

$$\qquad m - t_i \in \mathrm{dom}\, \mu_2[z_1];$$

$$\mu(\forall Y) = [\,\{\mu_1(y) : y \in Y\}, \mu_2(Y)\,];$$

$$\mu_2(Y)[m] = x, \text{ 当且仅当对于某个 } y \in Y \text{ 而言，} \mu_2(y)[m] = x;$$

$$\mu\{s', <Tr, p; 0>\} = [\,Tr(\mu(p)), \eta(s', p)\,];$$

$$\mu\{s', <Tr, p; 1>\} = [\,Tr(\mu(p)), \eta(s', p)\,], \text{ 其中如果 } <Tr, p; i>$$

$\in s'$，则 $\eta(s',p) = \inf\{\alpha : s' \subseteq s_{\alpha+1}\}$（$s'$ 的外部权衡），并且如果 $<Tr,p;i> \notin s'$，则 $\eta(s',p) = \min\{\sup\{\alpha : <Tr,p;\ i> \notin s_{\alpha+1}\ \&\ <Tr,p;i> \notin s_{\alpha+1}$ 的对偶$\}$, $\inf\{\alpha : s' \subseteq s_{\alpha+1}\}\}$;

$\forall x(x$ 不是命题 $\to \mu(x) = x)$。

由于 s 是语义良基的，所以我可以在 s 中得到语义赋值的那些命题上引进一个偏良序 $p < p'$，当且仅当在 s 的每个语义基础序列中，p 都比 p' 在较前层面上得到赋值。这种偏良序可以在伯奇型命题中得到反映：在模型 M 中，$p <^* p'$，当且仅当 $\exists \alpha\ (p \in [Tr_\alpha]^{+/-}\ \&\ p' \notin [Tr_\alpha]^{+/-})$。

引理1：对于所有 $s'' \subset s$，$r < \{s''$, $<Tr, r; j>\}$，当且仅当，$<Tr, r; j>$ 或者它的对偶属于 s''。

证明（见附录 B）。

引理2：$<Tr, p;\ i> \in s_{\eta(s',p)+1}$，当且仅当，$<Tr, p;\ i> \in s'$。

证明（见附录 B）。

定理3：μ 是伯奇模型 M 中之 s 的一个同态（M 基于与 s_0 相一致的解释函数 V）。

证明（见附录 B）。

伯奇理论与巴威斯和埃切曼迪理论有两个真正的不同。首先，这两种
理论为命题（作为思想和语义赋值的对象）设定了不同的同一性标准。在伯奇理论中，即使固定所需要的"true"的层面，一个解释的语言 $<L, M>$ 也可以具有几种不同的说谎者命题，每个都包含 L 的一种不同的常项。相反，在情境理论中，对于一个固定的情境 s 来说，仅存在一个（否认性）说谎者命题 $p = \{s, \sim <Tr, p; 1>\}$。哪种理论更胜任，取决于在从物（*de re*）信念建模中是否需要类似于专名（常项）的某种表征形式。

其次，伯奇理论在三个方面有更多的内在限制。（i）它排除不可表达命题的赋值。（ii）它排除语义非良基情境的存在的可能性。（iii）它排除相应于非基础完全情境之命题的赋值。我看不出第一种限制会损失什么好处，而且我相信真理的本质排除语义非良基情境的可能性。因此，关键

在于第三种不同。如果情境理论家能够证明情境参量在非语义命题中的必要性，那么或许命题的最统一处理本质上就会以巴威斯和埃切曼迪的方式来摆平语义悖论。否则，就无须超出更简单、更经济的伯奇理论。而且，以感知和其他跟环境之间的因果互动为基础而引进的情境参量与用来解决说谎者悖论的语义丰富的情境参量，还存在某种不可类比性。

即使在纯语义理论自身中不需要更丰富的奥斯汀型命题，在阐释信念和对于语义命题的其他态度时，是否需要更丰富的奥斯汀型命题结构呢？只有有理由比伯奇理论允许的区分更精致地区分思想对象，人们才需要更丰富的奥斯汀型命题。在下一节中，我将以伯奇和盖夫曼的工作为基础提出一种阐释，其中的解释者，按照诸如宽容性原则（principle of charity）等解释原则，把有序参量指派给情境思想对象。这无须给命题指派更精致的个体化参量，诸如奥斯汀型情境等。

6.2　盖夫曼形式语用学的扩充

本节拟简单地刻画盖夫曼的指针语义算法的一种扩充。给定一个殊型集和关于这些殊型的一定事实，该扩充能够使人确定它们表达什么伯奇型命题。假设存在一种语言 L，它包含 "true"，但（为了简单起见）不含有任何集合论表达式（诸如 "$\in$" 或抽象算子）。再假设为 $L - \{\text{true}\}$ 设计的一种模型 $<U, V>$。正如已经看到的那样，L 的这样一个偏模型可以扩充为一个完全伯奇模型 $<U, V, [Tr_0], [Tr_1], \cdots, [Tr_\beta]>$。进一步假设有一个殊型集 K，它是论域 U 的一个子集。每个殊型都恰好是 L 的一个语句的殊型。想象在 L 中仅有两个原子表达式可以属于命题之真：语义谓词 "$\text{true}(x)$" 和关系谓词 "x 被殊型 y 表达"。L 的殊型还包含一定的指示代词，其中有些指示具体对象，而有些则通过一个殊型来指示命题。（对于通过一个殊型来指示一个命题，我的意思是指，一个指示代词在一句话中的运用，它的值是命题 p，并且它联系于表达 p 的唯一殊型 k。我假定人们无法直接指示一个命题，并且只有存在该意指命题的一个唯一殊型以适当方式联系于这样一个指示，该指示才是成功的。）

于是，有一个函数 TYP：$K \rightarrow L$，它给每个殊型指派一个类型。而且，存在一个函数 D，使得对于每个命题指示代词"$that_i$"和其类型为 $T(k)$ 的包含"$that_i$"的每个殊型 k 而言，$D(k, that_i)$ 都是（在 K 中）联系于该指示代词的唯一殊型，或者在 U 中被指示的唯一殊型对象。最后，存在一个函数 S：$K \rightarrow \zeta(U)$，它为 K 中的每个殊型指派该殊型的论域。（本章不探讨如何确定该函数这个难题。）

还要假设 K 是逻辑饱和的：（ⅰ）每个殊型，通过 D 而联系在 K 的一个殊型中的一个指示代词，都在 K 之中；（ⅱ）在 K 的一个殊型的论域中的每个殊型，都在 K 之中；（ⅲ）在 K 中存在一些殊型，对应于 K 中的每个殊型的逻辑部分和量化实例。每个殊型至多是 K 中的一个其他殊型的一部分或一个实例。令函数 Neg：$K \rightarrow K$ 是一个偏函数，它为 K 中的每个否定指派该否定的主要成分。令 Dis^n：$K \rightarrow K$ 和 Con^n：$K \rightarrow K$ 都是偏函数，它们为 K 中的每个有穷析取和合取（分别）指派该析取和合取的第 n 个成分。最后，令 EI：$K \rightarrow \zeta(K)$ 和 UI：$K \rightarrow \zeta(K)$ 都是偏函数，它们为 K 中的每个存在和全称概括（分别）指派该存在和全称概括的实例集。

112　　给定这些假定，就可以把 L 重新解释为一种语言，它的变元和常项仅取 K 中的殊型和其他具体对象为值。也就是说，可以为 L 构造一个新的模型 $M^* = <U^*, V, [Tr_0]^*, [Tr_1]^*, \cdots >$，其中 $K \subseteq U^* \subseteq U$，并且 U^* 只包含殊型和其他具体对象。令每个殊型 k 中的每个指示代词"$that_i$"都被指派殊型 $D(k, that_i)$ 作为它的值。令表达式"命题 x 被殊型 y 表达"被解释为同一关系。给定一个函数 B，通过把 U^* 中的适当对象指派给每个指示代词，把序数指派给"true"的出现，B 就把命题指派给 K 中的殊型；并且给定伯奇模型 $M = <U^* \cup ran(B), V, [Tr_0], [Tr_1], \cdots, [Tr_\beta] >$，按照规则

$$k \in [Tr_\alpha]^{*M^*}, \text{当且仅当，} B(k) \in [Tr_\alpha]^M$$

就可以把 K 的元素指派给 $true_0$ 和 $true_1$ 等的外延和反外延。因此，对应于 U^*、V 和 B，存在语言 L 的一个完全模型 M^*，其中"true"被解释为适用于殊型而不是命题。该事实可以用来构造一个理想的命题指派函数 B，只要给定 U^* 和 V。实际上，我们的全部所需就是构造一个函数 B_1，它把序

数指派给在 K 的殊型中的"true"的出现。由 B_1，以及 D 和 S，就可以很容易地定义出来所期望的函数 B。令 B_1 是一个从 $\omega \times K$ 到序数的函数，使得"$B_1(n, k) = \alpha$"表示把序数 α 指派给 k 中的第 n 个"true"的出现。

现在可以追随盖夫曼来定义殊型之间的调用关系了。

定义：

（1）k 直接调用 k'，当且仅当

（a）k' 是 k 的一个逻辑成分或实例，或者

（b）$\mathrm{TYP}(k) = {}'F(c)'$，并且 $V(c) = k'$，或者

（c）$\mathrm{TYP}(k) = {}'F(\mathrm{that}_1)'$，并且 $D(k, \mathrm{that}_1) = k'$，

其中 'F' 是 L 的任何原子谓词，包括"true"。

（2）从 k 到 k' 的调用路径是一个序列 $k_1, \cdots, k_n$，其中 $n > 1$，$k = k_1$，$k' = k_n$，使得每个 k_i 直接调用 k_{i+1}。

（3）k 调用 k'，当且仅当存在一条从 k 到 k' 的调用路径。

相应于 U^* 和 V，存在一个有向图，它表示 K 中的殊型之间的调用关系。正如将要看到的那样，在这样的图中，两种特别重要的结构是环（loops）和无穷递降链。

定义：

（1）一个殊型集是一个环，当且仅当 $S \neq \varnothing$，并且对于 S 中的所有 k 和 k'，都存在一个从 k 到 k' 的调用路径。

（2）一个殊型集是一个无穷递降链，当且仅当 S 不包含自包环 *113*（self-contained loops）（除了它们自己，它们的殊型都不调用 S 中的任何殊型），并且 S 中的每个殊型 k 都直接调用 S 中的另一个殊型。

我现在来描述如何定义 B_1，以及定义解释 $[Tr_0]^*$ 和 $[Tr_1]^*$ 等等。为了给"true"构造正确的解释，我将描述一个赋值算法，以构造 B_1，序列 $[T_0], [T_1], \cdots$ 和序列 $[F_0], [F_1], \cdots$。反复运用这些规则，将最终达到一个固定点，在此对于小于或等于该固定点的每个 α，可以令 $[Tr_\alpha]^{*+} = \cup\{[T_\beta] : \beta \leqslant \alpha\}$，并且令 $[Tr_\alpha]^{*-} = K - [Tr_\alpha]^{*+}$。（为了简单起见，我省略了有穷析取和存在概括规则。）一个环或递降链 S 在一个给定进程阶段上

封闭于未赋值殊型集，当且仅当对于任何 α，没有殊型 S 调用 S 之外的未被指派给 $[T_\alpha]$ 或 $[F_\alpha]$ 的一个殊型。一个链 S 是封闭于未赋值殊型集的一个最大递降链，当且仅当它封闭于该集合，并且不是任何其他这种链的一个真子集。

为了赋值给包含全称概括的殊型，我必须区分在这种殊型中的 "true" 的两种出现，我给它们加上"偶次"和"奇次"标识。"true"在殊型 k 中的第 n 次出现是偶次的，当且仅当它是在否定和条件句前件的数量为偶次时在 k 中出现的；否则，它就是奇次的。

（A_1）非语义殊型规则：

如果 $\mathrm{TYP}(k) \in L - \{\mathrm{true}\}$，那么 $k \in [T_0]$ 当且仅当 $V(\mathrm{TYP}(k)) = T$。

如果 $\mathrm{TYP}(k) \in L - \{\mathrm{true}\}$，那么 $k \in [F_0]$ 当且仅当 $V(\mathrm{TYP}(k)) = F$。

（A_2）否定规则：

如果 $\mathrm{TYP}\ (k) = \sim\varphi$，并且 $\mathrm{Neg}\ (k) = k'$，那么

（a）如果 $k' \in [T_\alpha]$，则 $k \in [F_\alpha]$。

（b）如果 $k' \in [F_\alpha]$，则 $k \in [T_\alpha]$。

（A_3）有穷合取规则：

（a）如果 $\mathrm{TYP}(k) = [\wedge\,\Phi]$，并且 $\mathrm{Con}^i(k) = k'$，以及 $k' \in [F_\alpha]$，那么 $k \in [F_\alpha]$。

（b）如果 $\mathrm{TYP}(k) = [\wedge\,\Phi]$，并且对于每个 k' 而言，使得对于某个 i 而言，$\mathrm{Con}^i(k) = k'$，而且 $k' \in [T_\alpha]$，那么 $k \in [T_\alpha]$。

（A_4）全称概括规则：

（a）如果 $\mathrm{TYP} = [\forall\,\Phi]$，并且 $k' \in UI(k)$，以及 $k' \in [F_\alpha]$，那么 $k \in [F_\alpha]$。

（b）如果 $\mathrm{TYP} = [\forall\,\Phi]$，并且对于每个 $k' \in UI(k)$，并且 $k' \in [T_\alpha]$，那么 $k \in [T_\alpha]$。

（A_5）原子语义殊型规则：

（a）如果 $\mathrm{TYP}(k) = \text{'true}(c)\text{'}$ 并且 $V(c) = k'$，或者 $\mathrm{TYP}(k) = \mathrm{true}$

（that$_1$）并且 $D(k, \text{that}_1) = k'$，并且 $k' \in [T_\alpha]$，那么 $k \in [T_\alpha]$。

（b）如果 TYP(k) = 'true(c)' 并且 $V(c) = k'$，或者 TYP(k) = true（that$_1$）并且 $D(k, \text{that}_1) = k'$，并且 $k' \in [F_\alpha]$，那么 $k \in [F_\alpha]$。

（A$_6$）环和递降链规则：

如果 S 是封闭于未赋值殊型集的一个环或者最大递降链，并且前述规则（rules）没有一条适用于 S 中的任何殊型，那么如果对于每个原子语义殊型 k，它或者在 S 中或者直接调用 s 中的一个殊型，则 $k \in [F_1]$。

（A$_7$）单调性（monotonicity）规则：

如果殊型 k 属于 $[T_\alpha]$（或者属于 $[F_\alpha]$），那么对于每个 $\beta > \alpha$ 而言，k 属于 $[T_\beta]$（或者属于 $[F_\beta]$）。

规则（A$_4$）保证以 false$_\alpha$ 为实例的全称概括被赋值为 false$_\alpha$，并且保证其所有实例均为 true$_\alpha$ 的概括都被赋值为 true$_\alpha$。

命题 I：从空赋值 $[T_0] = [F_0] = \cdots = [T_\alpha] = [F_\alpha] = \cdots = \varnothing$ 开始，重复运用前述规则，就可以达到一个固定点，在此对于 $i = 0$ 或 $i = 1$ 而言，K 中的每个殊型都属于 $[T_i]$ 或者 $[F_i]$。

证明：（A$_6$）的一个直接推论。

命题 II$_A$：如果按照盖夫曼规则，一个殊型被指派真值 T（或者 F），那么按照前述规则，对于 $i = 0$ 或 $i = 1$，该殊型就被指派真值 $[T_i]$（或者 $[F_i]$）。

命题 II$_B$：如果按照盖夫曼规则，一个殊型被指派真值 GAP，那么按照前述规则，它既不被指派为 $[T_0]$，也不被指派为 $[F_0]$。

证明：标准规则（非语义原子命题规则、否定规则、析取规则、有根基语义赋值规则），对于 T 或 F 的指派，是相同的。由于我假定基本解释函数 V 对于 $L - \{\text{true}\}$ 而言是完全的，所以盖夫曼的简单间隙规则就是不适用的。因此，就要确证前述规则在相关意义上符合下述两条规则：

（1）跳跃规则（the jump rule）：

如果 TYP(k) = 'true(c)'，$V(c) = k'$，$k' \in$ GAP，并且 $k \notin$ GAP，

那么 $k \in F$。

如果假定 V 是一个全函数，那么间隙就只能来自不能被给予有根基赋

值的闭环和无穷递降链。盖夫曼的跳跃规则仅仅适用于当 k' 属于一个闭环时的情形，而且规则（A_6）指令赋予 k 真值 F_1，其中 k 直接调用一个闭环的某个元素。

（2）放弃规则（the give-up rule）：

> 如果未赋值殊型集是非空的，并且前述规则都不适用于它的任何
> 元素，那么每个未赋值的 $k \in \mathrm{GAP}$。

由于这条规则不能产生任何新的 T 或 F 的指派，所以它对于命题 II_A 而言就不构成威胁。放弃原则仅适用于无根基无穷递降链中的殊型。规则（A_6）把这种链中的所有语义原子殊型都指派为 F_1，因此这种链的殊型都不能被指派为 T_0 或 F_0，这一点可以容易地通过检查规则（A_1）到（A_6）来证实。

除了把殊型指派给各种层面的"true"的外延和反外延，对于殊型自身中的"true"的出现，关键是要有协调的层面索引值指派。下列三条规则，从（B_1）到（B_3），定义一个全（total）指派，它包括对于"true"的所有出现的层面指派（命题 III）。而且，正如在命题 IV 中所说，从（B_1）到（B_3）定义的指派相合于从（A_1）到（A_7）定义的解释。

（B_1）否定和合取规则：

（a）如果 $\mathrm{Neg}(k) = k'$，那么 $B_1(k,n) = B_1(k',n)$。

（b）如果 $k' = \mathrm{Con}^i(k)$，并且"true"在 $\mathrm{Con}^1(k), \cdots, \mathrm{Con}^{i-1}(k)$ 中出现 j 次，但"true"在 k' 中的出现不超过 n 次，那么 $B_1(k, j+n) = B_1(k',n)$。

（B_2）全称概括规则：

（a）如果 $\mathrm{TYP}(k) = [\forall \Phi]$，并且对于某个 α 而言，$k \in [F_\alpha]$，那么

（i）如果 $<k,n>$ 是偶次的，则 $B_1(k,n) = \min\{\beta : (\exists k' \in UI(k))(k' \in [F_\gamma](\text{对某个 } \gamma) \& B(k',n) = \beta)\}$。

（ii）如果 $<k,n>$ 是奇次的，则 $B_1(k,n) = \max\{\beta : (\exists k' \in UI$

$(k))(k' \in [F_\gamma]$（对某个 γ）$\& B(k', n) = \beta)\}$。

（b）如果 $\mathrm{TYP}(k) = [\forall \Phi]$，并且对于某个 α 而言，$k \in [T_\alpha]$，那么

　　（ⅰ）如果 $<k, n>$ 是偶次的，则 $B_1(k, n) = \max\{\beta: (\exists k' \in UI(k))(B(k', n) = \beta)\}$。

　　（ⅱ）如果 $<k, n>$ 是奇次的，则 $B_1(k, n) = \min\{\beta: (\exists k' \in UI(k))(B(k', n) = \beta)\}$。

（B_3）原子语义殊型规则：

　　（a）如果根据规则（A_6）把 k 指派给 $[F_1]$，那么 $B_1(k, 1) = 0$；

　　（b）否则，如果 $\mathrm{TYP}(k) = \text{'true}(c)\text{'}$ 并且 $V(c) = k'$，或者如果 $\mathrm{TYP}(k) = \text{'true}(\mathrm{that}_1)\text{'}$ 并且 $D(k, \mathrm{that}_1) = k'$，那么 $B_1(k, 1) = \min\{\alpha: k' \in [T_\alpha] \lor k' \in [F_\alpha]\}$。

如果该语言包含初始双条件句或者其他双向联结词，那么"偶次" *116* 和"奇次"的定义就必须更加详细；而且，解释的某些不确定性也是不可避免的。作为一种选择，可以发现，在自然语言和思想语言中，双条件句总是一种简约的合取式。

命题Ⅲ： 从一个全赋值固定点（像在命题Ⅰ的那样）和一个空层面指派函数 B_1 开始，重复运用前述规则就达到一个固定点，它对于 K 中之殊型中的"true"的出现是一个全赋值固定点，并且它的值域是 $\{0, 1\}$。

证明：施归纳于类型的逻辑复杂性。

命题Ⅲ意味着，正如这条算法所解释的，在自然语言中，不可能表达像"$\lambda_1: \lambda_1 \text{ is not true}_1$"那样的"高阶"说谎者悖论。只有两种塔斯基"语言"是必需的：一种克里普克对象"语言"和一种"元语言"。所有恶性循环殊型都被解释为属于对象语言。在解释自然语言时，无须把越来越高的索引值指派给"true"的出现，而只需要两个索引值就行了。（遗憾的是，该结果不能延续到带置信谓词的语言，这将在下一节中进行讨论。）

命题Ⅳ：每个殊型 k 都被 B_1 指派一个 b – 命题，在此对于所有 α 而言，该命题为 true_α，当且仅当 $k \in [T_\alpha]$（对于 F_α，情况类似）。

证明：（施归纳于类型的复杂性。）这个结果对于否定和合取是显然的。"偶次"、"奇次"和出现的定义，以及规则（B_2），保证被指派一个全称概括的 b – 命题为 true_α，当且仅当该概括的所有实例都属于 $[T_\alpha]$，并且保证该命题为 false_α，当且仅当它的至少一个实例属于 $[F_\alpha]$。这种结果，对于不受（A_6）影响的原子语义殊型而言，是显然的。在殊型按照（A_6）被指派为 $[F_1]$ 的情况下，显然，一个闭环或递降链中的殊型属于 $[T_0]$ 或 $[F_0]$。因此，如果按照（A_6）被指派为 $[F_1]$ 的一个殊型被指派为索引值 0，那么它就的确为 false_1。

这些规则是仿照盖夫曼的赋值方式而构造的。然而，我不认为这些规则是最理想的。例如，考虑简单的说谎者句（L）：

（L）语句（L）不是真的。

117 殊型（L）仅由它自己而构成一个闭环。因此，（L）被解释为它说（L）不为 true_0，而（L）的主要成分（即"（L）为 true_0"）为 false_1。故有（L）为 true_1。（L）的这种肯定性再赋值可以被尝试表达为：

（N）语句（L）是真的。

但是，如果按照前述规则来解释（N），就必须把它解释为它说（L）为 true_0。由于这是错误的，所以这样的解释就使（N）为 false_1。（N）是一位彻底反思者在完全占有事实时产生的一种结果。它应当被解释为它说某个东西是真的。

为了避免这种结果，就必须认识和区别在 K 的殊型中出现的两种语义谓词："肯定"与"否定"。给定一个属于 K 的殊型，以及给定一个语义谓词在该殊型中的一次出现，为了揭示该出现是肯定的还是否定的，就必须首先找到有关该给定殊型的极大殊型。一个极大殊型既不是 K 中的某个更大殊型的一个实例，也不是它的一个逻辑成分。这些极大殊型可以等同于人们实际断定或接受的殊型。

"true"在一个极大殊型中的一次出现是否定的，如果"true"在该殊型的语句类型的前束析取（prenex-disjunctive）标准形式中的相应出现是否定的。否则，"true"在该极大殊型中的出现就是肯定的。"true"在非极大殊型中的一次出现是肯定的，当且仅当它在相关极大殊型中的出现是肯定的；这对于否定出现是类似的。宽容一个极大殊型的断定者或接受者，是指总是兼容于一个肯定出现的解释，乃至提高该出现的层面，直至使之为真。

宽容意味着否定出现的一个更可选择的层面提升，因为按照否定出现而赋值的殊型应当为 untrue_α 而非 $\text{true}_{\alpha+1}$。指派给这样一个否定出现的层面从 i 提高至 $i+1$，可能使该极大殊型为假。原子语义殊型的规则必须以下列方式进行修改。

首先，必须区分纯与非纯这两种环和链。一个纯环仅仅包含肯定的或者仅仅包含否定的语义殊型。一个纯链 S 可以分成两个集合 S_1 和 S_2，其中 S_1 是仅仅包含肯定的或者仅仅包含否定的语义殊型的一个无穷递降链，S_2 不是一个递降链，并且 S_1 中的殊型都不调用 S_2 中的任何殊型。S_1 中的原子语义殊型被称为 S 的锚定殊型（anchored tokens）。

（A_6）环和递降链规则：   *118*

（a）如果 S 是封闭于未赋值殊型集的一个纯环或最大递降链，并且前述规则都不适用于 S 中的任何殊型，那么对于 S 中的每个锚定原子语义殊型 k 而言，$k \in [F_1]$。

（b）如果 S 是封闭于未赋值殊型集的一个非纯环或最大递降链，并且前述规则都不适用于 S 中的任何殊型，那么对于 S 中的每个否定原子语义殊型 k 而言，$k \in [F_1]$。

现在可以讲述对于原子语义殊型做索引值指派的新规则了。

（B_3）原子语义殊型规则：

（a）如果根据规则（A_6）把 k 指派为 $[F_1]$，那么 $B_1(k,1)=0$。

（b）否则，如果 $\text{TYP}(k)=\text{'true}(c)\text{'}$ 并且 $V(c)=k'$，或者如果 $\text{TYP}(k)=\text{'true}(that_1)\text{'}$ 并且 $D(k,that_1)=k'$，那么

（ⅰ）如果 k 是肯定的，则 $B_1(k,1)=\min\{\alpha: k' \in [T_\alpha] \lor k' \in [F_\alpha]\}$。

（ii）如果 k 是否定的，并且对于某个 α 而言，$k' \in [F_\alpha]$，则 $B_1(k,1) = \inf\{\alpha : k' \in [F_\alpha]\}$。

（iii）如果 k 是否定的，并且对于某个 α 而言，$k' \in [T_\alpha]$，则 $B_1(k,1) = 0$。

从命题 I 到 IV，可以被复制到该新规则集：构造结果也将达到 K 中的殊型的一种完全赋值，它为"true"的所有出现指派层面。根据修改的规则，殊型（N）（由于它是肯定的）被指派为命题"（L）为 true_1"，并因而被赋值为它自身为 true_1。

盖夫曼理论经过这样的修正，仍然不是最理想的。特别地，它不满足伯奇的极小原则或优美原则，也就是说，它系统地指派的索引值不必那么高。为了说明这一点，请考虑下述情形：

A：B 的话都是真的。

B：$2+2=4$。

C：C 不是真的。

假定 C 的话处于 A 的话语的量化范围。我用小写字母来指称每个说者的陈述（例如，A 说 a）。A 做出的概括实例至少有三：

（a_1）如果 B 说 a，那么 a 是真的；

（a_2）如果 B 说 b，那么 b 是真的；

（a_3）如果 B 说 c，那么 c 是真的。

由于（a_1）和（a_3）的前件都是假的，所以从直觉上讲，a 中的"真的"之层面独立于 a 或 c 为真或为假的层面。a 中的"真"的出现应当为（索引值）0，因为 B 说的东西只有 b，而 b 为 true_0。然而，我对于盖夫曼算法的修改，是把索引值 1 指派给 a 中的"真的"。由于 c 为 true_1（并且 untrue_0），故（a_3）中的"真的"的索引值必定为 1。在 a 中的"真的"之索引值是它的实例的索引值的极小上确界，从而它的索引值必定也是 1。

解决这个问题的最简单方法是给合取和全称概括的索引值增加一个上限。对于命题集 X，令 $\text{Minimax}_B(X)$ 是在解释函数 B 下，在 X 的某个成分中的作为极大索引值的所有序数的极小数。我对规则（B_1）和规则（B_2）做如下修改：

（B_1）否定和合取规则：

（a）如果 $\mathrm{Neg}(k) = k'$，那么 $B_1(k, n) = B_1(k', n)$。（未变）

（b）如果 $k' = \mathrm{Con}^i(k)$，并且"true"在 $\mathrm{Con}^1(k), \cdots, \mathrm{Con}^{i-1}(k)$ 中出现 j 次，但"true"在 k' 中的出现不超过 n 次，那么 $B_1(k, j+n) = \min\{B_1(k', n), \mathrm{Minimax}_{B1}(\{k' : k' = \mathrm{Con}^i(k)(对某个 j) \& k' \in [F_\gamma](对某个 \gamma)\})\}$。

（B_2）全称概括规则：

（a）如果 $\mathrm{TYP}(k) = [\forall \Phi]$，并且对于某个 α 而言，$k \in [F_\alpha]$，那么

（i）如果 $<k, n>$ 是偶次的，则 $B_1(k, n) = \min\{\min\{\beta : (\exists k' \in UI(k))(k' \in [F_\gamma](对某个 \gamma) \& B(k', n) = \beta)\}, \mathrm{Minimax}_{B1}(\{k' \in UI(k) : k' \in [F_\gamma](对某个 \gamma)\})\}$。

（ii）如果 $<k, n>$ 是奇次的，则 $B_1(k, n) = \min\{\max\{\beta : (\exists k' \in UI(k))(k' \in [F_\gamma](对某个 \gamma) \& B(k', n) = \beta)\}, \mathrm{Minimax}_{B1}(\{k' \in UI(k) : k' \in [F_\gamma](对某个 \gamma)\})\}$。

（b）如果 $\mathrm{TYP}(k) = [\forall \Phi]$，并且对于某个 α 而言，$k \in [T_\alpha]$，那么

（i）如果 $<k, n>$ 是偶次的，则 $B_1(k, n) = \max\{\beta : (\exists k' \in UI(k))(B(k', n) = \beta)\}$。

（ii）如果 $<k, n>$ 是奇次的，则 $B_1(k, n) = \min\{\beta : (\exists k' \in UI(k))(B(k', n) = \beta)\}$。

（未变）

6.3 示例

针对在最近文献中出现的关于伯奇真理论的几个疑难问题，我现在来例示这种理论给出的回答。首先，请考虑伯奇型情境 C。[7] 在该情境中，下列语句于 1976 年 8 月 13 日中午被写在 9 号房间的黑板上：

（A）1976 年 8 月 13 日中午写在 9 号房间的黑板上的语句殊型不 *120*

是真的。

这由（A）和以（A）的一个名称去替换变元所得到的实例而构成一个闭环，它封闭于未赋值殊型集，并且除了规则（A_6）（即环和递降链规则），它不适用于任何规则。因此，该实例中的"真的"之索引值被固定于 0，从而（A）中的"真的"之索引值同样也是 0。故（A）为 $untrue_0$ 而非 $true_1$。如果其他某个人在一个不同时空上写出同一语句的一个不同殊型（这个殊型被称作"（B）"），那么（B）就不是一个闭环的部分，但函数 B 也把（B）中"真的"之出现指派为层面 0，因为（B）中的"真的"之出现是否定的，并且（A）为 $true_1$。

第二个例子是克里普克的迪安和尼克松疑难。[8]迪安和尼克松做出下列陈述：

> 迪安：尼克松关于水门事件的所有话都不是真的。
>
> 尼克松：迪安关于水门事件的每句话都不是真的。

这两句关于水门事件的陈述被视为是明显相关的。这里有几种可能情形。请考察其中一种情形，它以最有趣的方式不同于前述情形。首先，假设迪安说了有关水门事件的其他某句话，这句话为 $true_0$。那么，尼克松的陈述就为 $false_0$。因此，0 就是尼克松的话语的极大之极小层面（minimax level），并且 B 把 0 作为"true"之索引值指派给它。迪安的殊型会被指派一个层面 α，它高得足以适用于尼克松做出的其他陈述（假设这些陈述都为假，并且不存在其他的环）。那么，迪安的陈述就会为 $true_\alpha$。

请考虑另一个例子，它是伯奇构造的一个情境[9]：

> （iii）米歇尔是清白的，并且（iv）不是真的；
>
> （iv）（iii）不是真的。

假定（iii）的第 1 个合取支为 $false_0$。那么，（iii）为 $false_0$（因为它的一个合取支为 $false_0$，所以（iv）为 $true_0$）。（iii）的第 2 个合取支（称为"（iiib）"）为 $false_0$。"true"之所有出现都被指派为索引值 0。

接下来考察伯奇在《缠绕、环和链》（"Tangles, Loops and Chains"）[10]中提出的一些更为复杂的例子。第一个是由关于警察和囚徒的情形构成的。

　　警察：（1）囚徒说的任何话都不是真的。　　　　　　　　*121*

　　囚徒：（2）警察说的某句话是真的。

有趣的是，两人都未曾说或将要说其他的话。这两句陈述形成一个非纯环。按照前面介绍的理论，否定元素，即陈述（1），根据规则（B_3）（a）而被指派为层面 0。而且，（1）被赋值为 $true_1$，因为作为（1）的相关实例之部分的原子语义殊型，［根据规则（A_6）］被赋值为 $false_1$。B 则把（2）中的出现指派为层面 1，因为层面 1 是（2）为真的最低层面。故陈述（1）确实为 $true_1$，因为（2）为 $untrue_0$。陈述（2）为 $true_1$，因为正如已经看到的，陈述（1）为 $true_1$。

　　伯奇对于该事例的处理有点不同。他说，根据公平原则，"真的"之两次出现应当得到相同的层面指派。这个问题被转变为，是否有理由不同地处理这两个殊型。我认为，事实可能是，一个否认另一个为真，而另一个却确认第一个为真，这意味着，通过不同处理，就可以使二者都为 $true_1$。根据伯奇的观点，对于刚才给出的理由，陈述（1）确实为 $true_1$，但陈述（2）为 $false_1$，因为它说（1）为 $true_0$，而（1）则由于 $unrooted_0$ 而实际上为 $untrue_0$。或许有人会争辩说，我的宽容对于囚徒来说是不适宜的。即使如此，稍微改动这个理论仍可以使它符合伯奇的直觉。

　　考虑来自伯奇的文章由无穷递降链构成的其他例子。例如：

　　（1）（2）是真的；

　　（2）（3）是真的；

　　（3）（4）是真的；

　　…………

这个情境图是一个纯肯定递降链。因而所有殊型都是锚定殊型。故此，按照 B，每个殊型中的"真的"之出现都被指派为层面 0，并且所有殊型均为 $false_1$。

　　一个比较简单的例子是关于否定递降链的。

　　（1）（2）不是真的；

（2）（3）不是真的；

…………

122　它们构成一个纯否定递降链。因此，每个殊型都是锚定的。故而，B 给"真的"之每次出现都指派为层面 0。每个殊型都为 untrue_0，从而均为 true_1。

　　一个比较复杂的例子是下面这个链，它被伯奇标记为（Ⅱ）[11]：

　　（1）（2）是真的，或者 $2+2=4$；
　　（2）（3）是真的，或者 $2+2=4$；

…………

现在把（1）的第 1 个析取支称作"（1a）"，并且把它的第 2 个析取支称作"（1b）"，这对于其他陈述都类似。在指派 B 下，每个陈述都为 true_0，因为它们的第 2 个析取支均为 true_0。B 给"真的"之所有出现都指派为（层面）0，而所有殊型均为 true_0。

　　伯奇的链（Ⅲ）更为复杂：

　　（1）（2）的第 1 个析取支是真的，或者 $2+2=4$；
　　（2）（3）的第 1 个析取支是真的，或者 $2+2=4$；

…………

在指派 B 下，（1）、（2）和（3）等均为 true_0，因为它们的第 2 个析取支都为 true_0。因而，第 1 个析取支系列组成一个纯肯定递降链。作为成分的所有原子语义殊型都是锚定的。故此，B 将指派层面 0 给"真的"之所有出现。第 1 个析取支都为 untrue_0，从而均为 false_1。

　　最后考察涉及量化的环和链。首先，考虑马丁提出的一个事例[12]：

　　（1）雪是白的；
　　（2）（1）是真的；
　　（3）　$\sim(\forall x)\sim(x$ 是真的，并且 $[x=(2)$ 或 $x=(3)])$。

现在须表达（3）中的否定全称量化之否定的两个关键实例：

　　（3a）（2）是真的，并且 $[(2)=(2)$ 或 $(2)=(3)]$；

(3b) (3)是真的,并且[(3) = (2)或(3) = (3)]。

在 B 下,(2) 为 true_0,因为它断定 (1) 为真,而 (1) 的真实际上就是 true_0。因而,(3a) 也为 true_0。(3a) 的否定为 false_0,所以 (3) 中的全称量化也为 true_0。故此,(3) 本身就为 true_0。殊型 (3b) 也为 true_0。这里无须诉诸规则 (A_6),并且"true"之所有出现都被指派(层面)0。

注释

[1] Burge (1979).

[2] Gaifman (1988).

[3] Barwise and Etchemendy (1987).

[4] Barwise and Etchemendy (1987), p. 123.

[5] Kripke (1975), reprinted in Martin (1984), pp. 53−82.

[6] Aczel (1988), p. 13.

[7] Burge (1979), p. 94.

[8] Kripke (1975), p. 60.

[9] Burge (1979), pp. 111−2.

[10] Burge (1981).

[11] Burge (1981), p. 363.

[12] D. A. Martin,"说谎者悖论"研讨会论文,加利福尼亚大学,洛杉矶,1985 年 10 月 14 日。

第 7 章　语境敏感方案在置信悖论中的运用

　　在运用语境敏感方案来解决涉及合理信念和策略的悖论时，需要做出两个选择。第一个是关于信念对象的选择，尤其是要确定，现实事物是直接包含于信念对象，还是（通过它们的表征）仅仅间接地包含于信念对象？这种区分对应于逻辑学家在信念的从物模态与从言模态之间所做的传统区分。依据从物模态解释，如果一个人认为勃朗峰是积雪的，那么他的信念对象中就含有勃朗峰本身，或许还有积雪的属性。作为这种本体论主张的一个推论，从物模态理论家必须坚持，指称同一对象的两个名称在信念语境中必须是保值（即不影响该报道的真值）可互换的。而依据从言模态解释，如果一个人认为勃朗峰是积雪的，那么他的思想就含有勃朗峰的某种表征或者呈现方式，并不包括勃朗峰本身。如果一个事物的不同专名对应于该对象的不同表征，那么对于从言模态解释而言，它们在信念语境中就不是保值可互换的。

　　如果从物模态理论家坚持信念对象包括（像模态置信逻辑那样的）可能世界集合，或者（像罗素等人的理论那样的）在传统良基集合论中构造的对象与属性，那么就可以避免导致自指的类说谎者悖论的那种循环。然而，正像本书第 I 部分中所论述的那样，这既没有必要，也不可取。相反，如果从物模态理论家在非良基集合论中来构造他们的思想，那么从言模态相对于从物模态所显现出来的信念处理问题，就无涉于置信悖论的解决。尽管如此，在它们二者之间，还是要做出选择的，因为一种解决方案的构建细节将取决于这种选择。我本人倾向于选择从言模态方案，但从物模态方案具有一定的技术简单性，所以我在后文中将之作为一种预设来使用。

第二个要做的重要选择是：一个给定思想殊型的语境，是应当仅仅包 *124*
括实际情境（含有关于其他实际殊型的事实），还是应当包括某些纯粹可
能情境（含有关于纯粹可能殊型的事实，即与主体信念相一致的情境）？
第一个选项我称作"情境化"方案，第二个选项称作"非情境化"方案。
在非情境化方案中，一个思想殊型的内容仅仅取决于在相同头脑中被作为
殊型的其他思想的集合，以及取决于一致于这些殊型的可能的抽象空间的
集合。该主体的实际环境不起什么特别作用。相反，对于情境化方案，一
个给定殊型的悖论性则可能取决于关于该主体的环境而被该主体忽略甚
至误解的事实（例如其他主体的思想）。第一种方案很符合福多
（J. Fodor）提出的方法论唯我主义（methodological solipsism）准则，第二
种方案则是为心理态度提出的更加生态化的方案。

同样为了简单起见，我在后文中将采用情境化方案。这两种方案的差
别并不对应于解悖总纲的一种重要差别，虽然这在形成有关界说以做出选
择上是极其重要的。如果采用非情境化方案，那么必须赋值的殊型之网就
会超出实际世界，进入一致于现实或虚拟主体的信念的那些可能世界。对
于情境化方案，必须赋值的殊型之网则仅限于实际主体的实际殊型。

7.1　解悖方案例证

给定行动主体或认知个体的一个集合，每个认知个体对应于一个可能
信念殊型集合。为简单起见可以规定，在某种思想语言中，每种语句类型
恰好有一个可能殊型。因而，个体 a 的可能殊型集就构成对于给定个体 a
而言的唯一一种语言 L_a。从逻辑上看，L_a 的复杂成分包含子殊型（subto-
kens）。每个子殊型都属于 L_a 中的唯一极大殊型的一个唯一节点。殊型的
扩充集（the extended set of tokens），包括 L_a 及其所有子殊型，我称之
为 $L_a{}^*$。

在本章的最后两节中，我提出关于置信悖论的解决方案，它们借镜了 *125*
盖夫曼以及巴威斯和埃切曼迪关于说谎者悖论的解决方案。在盖夫曼方案
中，殊型之间的调用关系得到了定义。一个人认为殊型 k 调用另一个殊型
k'，如果 k 的赋值取决于 k' 的赋值。这可以表现为三种方式之任何一种。

首先，k 可能属于类型［Jak'］，即 k 可能是一个思想殊型，其大意是殊型 k' 是可证立的。其次，k 和 k' 可以都是同一个体头脑中的殊型，并且 k 的可证立性取决于殊型 k' 是如何赋值的。最后，k' 可能是 k 的一个子殊型。

正像这种调用关系所刻画的那样，一个给定模型的思想殊型形成一个有向网。一个盖夫曼式构造可通过添加规则而扩充一个给定赋值函数来完成。正像在说谎者悖论中那样，盖夫曼赋值函数是三值的，它给这种网中的殊型指派真值 T、F 或者 GAP。悖论导源于该网中存在闭环和无穷递降链。悖论的解决是通过规则把 GAP 指派给这种环和链中的殊型来实现的。

现在把这种解决方案应用于前面章节讨论的置信悖论。首先，考虑涉及自指的否证者悖论。在其最简单的版本中，在类型为［$\neg Jak$］的 L_a 中有一个殊型 k。显然，殊型 k 调用它自己。而且，它形成一个闭环，该闭环不适用于其他规则。因此，按照闭环规则，k 被指派 GAP。在其类型为［$\neg Jak$］的语言 L_b 中，一个不同的殊型 k' 不是该闭环的部分，因此按照跳跃规则，它被赋值为 T。

罗威娜-克卢姆纳的故事与迭代声誉博弈具有相同的置信结构。克卢姆纳有一个殊型 k，它在她的认知状态 E_c 中被作为数据而指派一定的权重，并且它的类型为［$p \leftrightarrow \neg Jrk'$］，其中 p 表示命题"选择装有 100 美元的盒子是最优的"，r 是锚至罗威娜的一个话语所指，而 k' 代表类型为［Jck］的罗威娜的语言的一个殊型（其中 c 是锚至克卢姆纳的一个话语所指）。该情境可以图示如下：

126

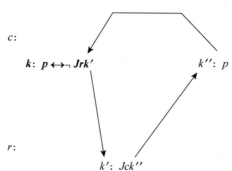

该图顶部的那些殊型都在 L_c 之中，而底部的那个殊型则在 L_r 之中。殊型 k 是粗体的，以表示它在竞争者的认知情境中被作为一个数据语句而指派一

定的权重。类型为［*Jrk′*］的 *k* 的子殊型，可以称作 k_1。k_1 调用 *k′*，而 *k′*
则调用 *k″*（二者根据的都是调用定义的第（1）条）。按照该定义的第
（2）条，殊型 *k″* 调用 k_1，这可以论证如下。令 k^* 是 L_c 中的一个殊型，它
的类型为［¬*Jrk′*］。设 *V* 是一种赋值，它把 *T* 指派给 k^*，并且把 *F* 指派
给 k_1。令 *V′* 相合于 *V*，除了它把 GAP 指派给 k_1。相对于 < E_c，*V* > 而言，
殊型 k^* 和 *k* 都是被可证立地相信的（justifiably believed），并且殊型 *k″*
是由它们而推出的。相对于 < E_c，*V′* > 而言，相信 *k* 受到阻遏，因为 *k* 承
袭 k_1 的真值 GAP。因而，相对于 < E_c，*V* > 而非相对于 < E_c，*V′* > 而言，
k″ 是被可证立地相信的，所以 *k″* 调用 k_1。

由于 k_1、*k′* 和 *k″* 形成一个闭环，所以它们都被指派 GAP。因此，殊型
k 承袭 k_1 的真值 GAP，并且克卢姆纳无法可证立地相信该双条件句，以及
无法可证立地相信从罗威娜无法可证立地相信 *Jck″* 这个事实而推出 *p*。相
反，一位独立观察者不但可以识出克卢姆纳不能可证立地相信 *p* 这个事实
和罗威娜无法可证立地相信克卢姆纳可以相信 *k″* 这个事实，而且可以识出
该双条件句之真。因此，给定相同数据，该独立观察者可以为克卢姆纳所
不能为：推出 *p* 之真。

置信悖论的这种解决，可以根据第 2 章探讨的连锁店悖论，按照下面
的殊型图来实施：

127

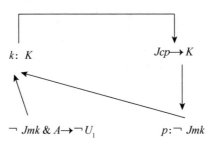

顶行的殊型都是垄断者的潜在信念，底行的殊型则都是竞争者的潜在
信念。*K* 仍然是虚拟条件句的缩写：假如该垄断者进行报复，那么该竞争
者就会退避。该垄断者倾向于接受类型为［*Jck→K*］的殊型，而竞争者
则倾向于接受类型为［¬*Jmk & A→*¬ U_1］的殊型。该图的有向边有两种：
（ⅰ）一个原子殊型，或者一个形如［*Jxy*］的殊型，指向殊型 *y*；

（ⅱ）一个殊型 x 指向同一主体的另一个殊型的一个子殊型 y，当 x 的可接受性取决于 y 的赋值时。殊型 k 以及作为该殊型前件的子殊型 Jcp 与 k 之右的连边，就属于第（ⅱ）种。

殊型 p、k 与类型 $[Jcp]$ 的子殊型形成一个闭环，所以按照盖夫曼式构造，它们的值都是 GAP。因此，该垄断者被阻遏接受虚拟条件句 K，而该竞争者则被阻遏识出该垄断者不接受 K。该垄断者和该竞争者都受困于情境导致的盲点。没有一个能够预知另一个会做什么，即使给定关于另一个的数据和效用函数的完整信息。

在本章第 3 节中，我以巴威斯和埃切曼迪解决说谎者悖论的方式（尤其是他们的奥斯汀型命题理论）来构建对于置信悖论的解决。在这种理论中，原子命题总是关于世界中的某个有限情境的。这种隐性的情境参量，其语境贡献给具体的思想殊型，能够使该理论在分析悖论殊型时避免矛盾。例如，在奥斯汀型理论中，一个命题 p 总有一个具体的情境，譬如

128 $<s,\ <J,\ a,\ p;0>>$（即命题 p 对于 a 而言的不可证立性是情境 s 包含的一个事实），或者 $\sim<s,\ <J,\ a,\ p;1>>$（即命题 p 对于 a 而言的可证立性不是情境 s 包含的一个事实），而不存在形如 $\sim[Jap]$ 的命题，即命题 p 对于 a 而言不是可证立的。在这种奥斯汀型理论中，存在一种重要的区别：内部否定（以"0"而不是"1"索引一个原子事实来表示）与外部否定（以一个完整命题加上算子"$\sim$"来表示）。命题构造的这些新的限制，使得有必要改写置信逻辑。对于任何情境 s 和 s'，任何主体 x，以及任何奥斯汀型命题 p，都应当设定下列模式：

（J1）$<s,<J,x,\sim<s',<J,x,p;1>>;1>>\rightarrow\ \sim<s',<J,x,p;1>>$；

（J2）$<s,<J,x,p;1>>$，其中 p 是一条逻辑公理；

（J3）$<s,<J,x,(p\rightarrow q);1>>\rightarrow(<s,<J,x,p;1>>\rightarrow<s,<J,x,q;1>>)$；

（J4）$<s,<J,x,p;1>>$，其中 p 是(J1)—(J3)的一个实例。

这些模式只不过是在第 1 章中引进的那些模式的自然类似物。现在，考虑明显的悖论性命题 p，它断言其自身的可证立性不是包含于情境 s 的一个

事实：

$$p = \sim <s, \ <J, \ i, \ p; 1> >$$

假设 s 是实际的，并且 p 为假。于是，$<J, \ i, \ p; 1> \in s$。按照 p 的定义，$<J, \ i, \ \sim <s, \ <J, \ i, \ p; 1> >; 1> \in s$。按照公理（J1），$<J, \ i, \ p; 1> \notin s$。这是一个矛盾。所以，如果 s 是实际的，那么 p 就是真的。于是，如果 s 是一个实际情境，那么它一定不包含 p 的可证立性。如果主体 i 意识到这些相关事实，那么对于 i 而言，p 确实可以是可证立的，但这个事实仅包含于那些比 s 本身包含更全面视景的情境。

接下来考虑一个不涉及自指的置信悖论，例如在第 1 章中由罗威娜与克卢姆纳引出的悖论。令 c 代表克卢姆纳，并令 p 代表命题"选取装有 100 美元的盒子是克卢姆纳的最优选择"。下列奥斯汀型命题类似于在第 1 章中导致悖论所需的假设（A1）和（A2）：

（A1a）$<s, \ <J, c, (p \rightarrow \sim <s, \ <J, c, p; 1> >); 1> >$；

（A1b）$<s, \ <J, c, (\sim <s, \ <J, c, p; 1> > \rightarrow p); 1> >$；

（A2）$<s, \ <J, c, <s, \ <J, c, (p \rightarrow <s, \ <J, c, p; 0> >); 1> >; 1> >$。

这些假设断言，存在某个情境 s，使得双条件句 $p \leftrightarrow \sim <s, \ <J, \ c, p; 1> >$ 的可证立性对于 c 而言是一个包含于 s 的事实，并且使得该命题本身（即 s 包含该双条件句对于 c 而言是可证立的）对于 c 而言的可证立 *129* 性也包含于 s。给定这三个假设，仍然可以得到一个矛盾：

(1) $<s, \ <J, i, (p \rightarrow \sim <s, \ <J, i, p; 1> >);$
　　$1> >$ 　　　　　　　　　　　　　　（A1a）

(2) $<s, \ <J, i, p; 1> > \rightarrow <s, \ <J, i, \sim <s,$
　　$<J, i, p; 1> >; 1> >$ 　　　　　　（1），（J3）

(3) $<s, \ <J, i, \sim <s, \ <J, i, p; 1> >; 1> > \rightarrow$
　　$\sim <s, \ <J, i, p; 1> >$ 　　　　　　（J1）

(4) $\sim <s, \ <J, i, p; 1> >$ 　　　　　（2），（3）

(5) $<s, \ <J, i, \sim <s, \ <J, i, p; 1> >; 1> >$ 　（A2），（J4），
　　　　　　　　　　　　　　　　　　　　（J2），（J3）

$$（见(1)—(4)）$$

$(6) <s, <J,i,(\sim <s, <J,i,p; 1 > > \to p); 1 > >$ (A1b)

$(7) <s, <J,i, \sim <s, <J,i,p; 1 > >; 1 > > \to$

$\qquad <s, <J,i,p; 1 > >$ (6),(J3)

$(8) <s, <J,i,p; 1 > >$ (5),(7)

（4）与（8）矛盾。① 因此，置信逻辑的一个结果是，（A1a）、（A1b）和（A2）至少有一个是假的。

在理想情况下，对于为何（A1a）和（A1b）为真的任何情境 s 而（A2）却必定为假，我们希望有一个原则性解释。为此，就必须说明相关情境是如何附着于思想殊型的，而这些殊型本身并没有明确提及这样的情境。这种说明应当解释，一个思想殊型的语境如何确定将要指派给它的那些情境参量，结果使得该殊型传达一个作为思想对象的奥斯汀型合式命题。在本章最后一节，我将构造一种说明，它满足对称性、经济性和宽容性之所需。在这里，我将讨论该构造对于罗威娜-克卢姆纳悖论的应用。

对应于假设（A1a）、（A1b）和（A2）的殊型网，可以图示如下：

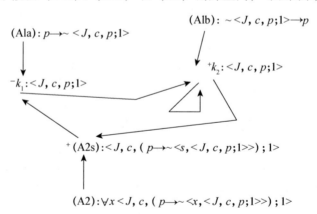

该图的箭头表示殊型之间的调用关系的实例。当一个殊型的解释取决于另一个殊型的解释时，第一个殊型就调用第二个殊型。遵循宽容原则，就导向区分肯定与否定原子置信子殊型。一个子殊型是肯定的，如果它在

---

① 这是译者添加的说明。

以它作为部分的一个正常思想形式中出现偶次否定；否则，一个殊型就是否定的。一个给定思想更可能被解释为有一个真命题作为它的对象，如果肯定殊型被指派给更大、更全面的情境，而否定殊型则被指派给更小、更有限的情境。

　　该图包含一个闭环，它是由殊型 k_1（（A1a）的一个子殊型）、k_2（（A1b）的一个子殊型）和（A2s）（一个子殊型，它是全称量化殊型（A2）的一个实例）组成的。在该环的原子置信殊型中，仅有 k_1 是否定的，因此它立即被指派极小情境 s_0 作为它的参量。殊型（A1a）承袭这种指派，其结果是殊型（A1a）被解释为表示命题"$p \rightarrow \sim <s_0, <J, c, p; 1>>$"。这种指派打破该闭环，但仍然存在另一个闭环，它仅仅包括殊型 k_2。于是，k_2 也必定被指派极小情境 s_0，因而（A1b）被解释为表示"$\sim <s_0, <J, c, p; 1>> \rightarrow p$"。此时，图中的所有闭环都被消除了。故此，殊型（A2s_0）（（A2）的一个实例）可以被指派更丰富、更全面的情境 s_1 作为它的参量。于是，（A2s_0）可以被解释为表示命题"$<s_1, <J, c, (p \rightarrow \sim <s_0, <J, c, p; 1>>); 1>>$"。总之，下述三个命题正确地描述了该情境：

（A1a）$p \rightarrow \sim <s_0, <J, c, p; 1>>$

（A1b）$\sim <s_0, <J, c, p; 1>> \rightarrow p$

（A2s_0）$<s_1, <J, c, (p \rightarrow \sim <s_0, <J, c, p; 1>>); 1>>$

　　当置信逻辑被应用于这些命题时，不会产生矛盾。人们可以得到 $\sim <s_0, <J, c, p; 1>>$ 和 $<s_1, <J, c, p; 1>>$，即 p 对于克卢姆纳而言的可证立性是包含于情境 s_1 而非包含于 s_0 的一个事实。换言之，克卢姆纳被解释为她相信选取装有 100 美元的盒子是最优的，当且仅当她的这个认识的可证立性不是包含于有限情境 s_0 的一个事实。该情境的一种分析揭示，她的这个认识的可证立性不能包含于 s_0。然而，很可能克卢姆纳识出这种情况，并且因而得出选取装有 100 美元的盒子为最优之结论。该事实（即她这样做结论是可证立的）并不包含于 s_0，而包含于某个更全面的情境 s_1。 *131*

　　连锁店悖论可以进行类似分析。这种分析的结果是，关于该情境的某些真命题，对于垄断者和竞争者来说，是认知不可及的。包含可证立地相信关系的奥斯汀型命题的语境敏感性，解释了为什么该情境对于参与者而言是一个盲点：他们根本不处于获取某些真命题的位置（至少，他们不受非分支的自然语言之限制）。令 p 代表一个虚拟条件句：假如该垄断者报复，则该竞争者就会退避。令 q 表示一个直陈条件句：如果该垄断者报复，并且 $<J, m, p; 0>$（即 p 对于垄断者 m 而言是不可证立的），那么该垄断者的效用函数为 U_2（这种函数产生报复，即使没有威慑）。思想殊型网的相关部分可以图示如下，其中顶部三个殊型是该垄断者头脑中的殊型，底部三个则是该竞争者头脑中的殊型：

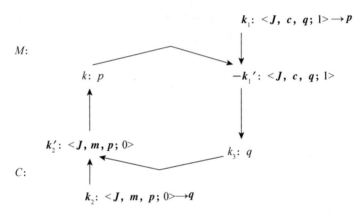

殊型 k_1 和 k_2 都是粗体的，以表示一个事实，即它们在该垄断者和竞争者的认知情境中被分别指派一定权重为数据。殊型 k_1 和 k_2 都调用它们自己的子殊型 k_1' 和 k_2'。这两个子殊型相互调用，因为 p 对于该垄断者而言的可证立性取决于 k_1' 的解释，而 q 对于该竞争者而言的可证立性则取决于 k_2' 的解释。殊型 k_1' 和 k_2' 都是否定的，因为它们每个都出现于一个条件句的前件（不包括内部否定）。由于二者都是否定的，并且都属于一个闭环，所以二者都被指派有限情境 s_0。该有限情境 s_0 既不包含 p 对于该垄断者而言是不可证立的这个事实，也不包含 q 对于该竞争者而言是可证立的这个事实。因此，该垄断者不能正确地得出 p，而该竞争者则不能得出 q。

然而，这两个命题的不可证立性被载入更丰富的情境 s_1。如果该竞争者能够理解命题 $<s_1, <J, m, p; 0>>$，她就会得出 q 是真的，并因而会被该垄断者的报复行为所阻遏。但是，该命题对于她而言是不可及的，

因为相关殊型 k_2 陷入一张网。[1]

按照类似分析，可以表明（前两个条件句的）替代条件句"假如 m 进行报复则 c 就会长驱直入"与"如果该垄断者报复那么他的效用函数是 U_1"，对于这两个参与者而言也都无法作为可证立的结论。假如利用主观概率来刻画这两个参与者的心灵状态，则必须运用区间值（interval-valued）概率函数把概率区间指派给这些跳跃关键点的条件句。为了获得该博弈的一种解决方案，首先必须解决一个问题，即参与者是如何在这种非标准条件下做出决定的。在本书结语中，我将讨论一个问题，即理性主体是如何应对这些透视盲点的；我将提出，该问题的解决会清楚地显示出理性主体模型与纯正（proper）社会理论（即关于规则、实践和机构的研究）这两方面之间的关系。

一个仍需进一步研究的问题是，如何在悖论泛滥的地方进行推理。这既要研究人类实际上是如何进行这样的推理的，又要研究如何最好地在人工智能程序中进行这样的推理。这有两种重要的研究方向。一种是在推理中明确包含有关情境参量，另一种是将这种参量置于隐含状态，通过某种亚相容逻辑（paraconsistent logic）来局部地处理表面上的不相容性。对于某些问题而言，最有前途的选择是利用某种非单调推理系统把这两种路径结合起来。

对于以强虚拟信念来建模的交互信念，一种两层方案，即巴威斯和埃切曼迪（或者帕森斯和伯奇）方式的解决所给出的方案，是特别自然且吸引人的。其他推理者的虚拟信念计算的建模，最好被刻画为一种两步进程。在第一层次，我开始推算推理对方（相对于某个问题列表）的虚拟信念，但我发现自己受困于一个事实，即对方也正在试图计算我的虚拟信念。我需要的计算输入部分正是他的计算输出。显然，我无法以这种方式完整地刻画对方的虚拟信念。然而，我可以确定有些事物显然属于而其他事物显然不属于他的虚拟信念（同样，在当前情境中，有些显然属于而有些显然不属于我自己的虚拟信念）。我可以利用这些信念把恶性循环变成良性螺旋。我知道自己的虚拟信念越多，我知道对方的信念就越多，反之亦然。

最终，这种归纳引导程序会达到一个固定点。在该点上，我可能不确定对方（以及我自己）对于我感兴趣的某些对象的虚拟信念是什么。我可以识出我已经达到一个固定点，因此看起来任何尚未被认作对方的虚拟信念的事物都不能属于他的虚拟信念。但是，假设我尚不能确定 p（相对于对方的认知状态 E）是否属于对方的虚拟信念，但我的确知道他确实相信 $\neg V_E\text{'}p\text{'}\rightarrow p$。我知道我们两人都识出 p 不属于他在该固定点上拥有的虚拟信念，因此我们两人显然都确实相信 $\neg V_E\text{'}p\text{'}$。由于他确实相信条件句 $\neg V_E\text{'}p\text{'}\rightarrow p$，以及由于虚拟信念在 MP 规则下是封闭的，所以看来他最终确实相信 p，这就破坏了刚才完成的推理。我们现在陷入 p 进入与退出对方的虚拟信念集的一个循环，除非我们识出该虚拟信念必须是相对于一个反思层次而言的。

给定类似塔斯基层级的置信谓词的一个语境相对化理论，推理过程可以按照如下方式而自行决定。在该固定点上，我们识出"p"，以及闭环和递降链包括的所有其他殊型，都不是第一层虚拟信念。我和推理对方由这种认知而推出的任何事物都是第二层虚拟信念。特别地，按照刚才刻画的推理，"p"本身就是第二层虚拟信念。

134 利用通过"封闭"[2]第一层虚拟信念在第一个固定点上的解释所获得的信息，我可以用已经刻画的良性螺旋程序而推出越来越多我自己和对方的第二层虚拟信念。最终，进程用尽该网中的所有殊型。任何人第二层地相信或不相信的任何东西，都是所有人共有的一个第二层信念。

7.2　盖夫曼式构造在置信悖论中的运用

为了把盖夫曼式构造应用于置信悖论，我必须重新定义殊型之间的调用关系。首先，必须定义一个完整解释的认知状态 $<E,\ V>$。假定 E 是认知个体 a 的认知状态，那么，V 把真值 T、F 或 GAP 之一指派给集合 L_a 中的每个原子置信子殊型（形如 $[Jb\varphi]$ 的子殊型）。而且，V 还把 T、F 或 GAP 指派给 L_a 中的其他殊型，只要这些真值遵守 V 指派的其他真值的强克林真值表，即：

（1）如果 $V(\varphi)=T$，那么 $V(\sim\varphi)=F$。

　　　　如果 $V(\varphi) = F$，那么 $V(\sim\varphi) = T$。

　　　　如果 $V(\varphi) = \text{GAP}$，那么 $V(\sim\varphi) = \text{GAP}$。

（2）如果 $V(\varphi) = T$ 并且 $V(\psi) = T$，那么 $V(\varphi \,\&\, \psi) = T$。

　　　　如果 $V(\varphi) = F$ 或者 $V(\varphi) = F$，那么 $V(\varphi \,\&\, \psi) = F$。

　　　　如果 $V(\varphi) = \text{GAP}$ 并且 $V(\psi) = T$ 或 GAP，或者反过来，那么 $V(\varphi \,\&\, \psi) = \text{GAP}$。

（3）如果对于 $\forall x\varphi$ 的每个实例 φ' 而言，$V(\varphi') = T$，那么 $V(\forall x\varphi) = T$。

　　　　如果对于 $\forall x\varphi$ 的某个实例 φ' 而言，$V(\varphi') = F$，那么 $V(\forall x\varphi) = F$。

　　　　如果对于 $\forall x\varphi$ 的每个实例 φ' 而言，$V(\varphi') = T$ 或 GAP，并且对于某个实例 φ'' 而言，$V(\varphi'') = \text{GAP}$，那么 $V(\forall x\varphi) = \text{GAP}$。

　　如此完整解释的认知状态 $<E，V>$，可以被视为等同于对于 E 做出两种改变而得到的认知状态：（i）只要 φ 是一个极大殊型，并且 $V(\varphi) = T$，就添加 φ 为一个具有极大权重的数据；并且，（ii）只要 φ 是 E 中的一个数据，而且 $V(\varphi) = F$ 或 GAP，那么就从该数据集中移除 φ。一个命题相对于一个认知状态 $<E，V>$ 而言是可证立的，当且仅当它是 $<E，V>$ 的数据语句的极大融贯子集的交集的一个逻辑后承（请参见第 1 章和第 4 章）。

　　赋值 V 必须满足一些条件，即使为了其初步可接受性（假定 φ、$\psi \in L_a$）：

（1）如果 $V(\varphi) = T$，并且殊型 ψ 属于类型 $[Ja\varphi]$，那么 $V(\psi) \neq F$；

　　　　如果 $V(\varphi) = F$，并且殊型 ψ 属于类型 $[Ja\varphi]$，那么 $V(\psi) \neq T$。　　*135*

（2）如果 $V(\varphi) = T$，并且 ψ 与 φ 具有相同的类型，那么 $V(\psi) \neq F$；

　　　　如果 $V(\varphi) = F$，并且 ψ 与 φ 具有相同的类型，那么 $V(\psi) \neq T$。

　　$<E，V>$ 是一个被部分解释的认知状态，仅当存在一个可接受的赋值 V，满足 $v \subseteq V$。一个命题在状态 $<E，V>$ 中是可证立的，当且仅当它在满足 $v \subseteq V$ 的每个完整解释的认知状态 $<E，V>$ 中都是可证立的。L_a 中的一个殊型在状态 $<E，V>$ 中是可证立的，当且仅当它的类型在 $<E，V>$ 中是可证立的并且它没有被指派真值 GAP。这样的一个殊型在状态

$<E, V>$ 中是不可证立的，当且仅当它的类型的否定在 $<E, V>$ 中是可证立的或者它被指派 F 或 GAP。

令 G 是认知个体的一个图。令 F 是一个函数，它给每个认知个体 a 指派一个可接受的偏赋值函数 v_a。我现在来定义在 G 的个体的语言中的殊型之间的调用关系。

定义：（给定 F）k 直接调用 k'，当且仅当：

（1）$k \in L_a^*$，$k' \in L_b$，并且 $\mathrm{Typ}(k) = [Jbk']$，或者

（2）$k \in L_a$，$k' \in L_a^*$，$k \neq k'$，k' 不是 k 的一个子殊型，并且存在赋值函数 V 和 V' 扩充 $F(a)$，使得

　　　（a）V 与 V' 的不同仅在于一个为 k' 指派 GAP，而另一个则为它指派一个标准真值（T 或 F），并且

　　　（b）k 表达的命题在 $<E_a, V>$ 中是可证立的，当且仅当它在 $<E_a, V'>$ 中不是可证立的，或者

（3）$k \in L_a^*$，k 是一个合取式，k' 则是它的一个合取支，并且没有 k 的合取支被 $F(a)$ 指派 F，或者

（4）k 是 k' 的否定，或者

（5）$k \in L_a^*$，k 是一个全称量化式，k' 则是它的实例之一，并且没有 k 的实例被 $F(a)$ 指派 F。

殊型 k 调用殊型 k'，当且仅当存在殊型的一个有穷序列 k_0，k_1，$\cdots$，k_n，使得 $k_0 = k$，$k_n = k'$，并且对于每个 i 而言，k_i 调用 k_{i+1}。

该赋值构造始于类 F_0，它指派空赋值函数 $\varnothing$ 给在图 G 中的每个认知个体。给定一个类 F_a，同时应用下述规则就可以构造类 F_{a+1}。

（I）对于每个认知个体 c 而言，$F_{a+1}(c)$ 是满足以下三个条件的最小可接受赋值函数。

（1）跳跃规则：

　　　（a）如果 $k \in L_a^*$，$F_a(c)(k)$ 是没有被定义的，$\mathrm{TYP}(k) = [Jbk^*]$，$k* \in L_b$，并且 k^* 在状态 $<E_b, F_a(b)>$ 中是可证立的，那么 $F_{a+1}(c)(k) = T$。

　　　（b）如果 $k \in L_a^*$，$F_a(c)(k)$ 是没有被定义的，$\mathrm{TYP}(k) = [Jbk^*]$，

$k^* \in L_b$，并且 k^* 在状态 $<E_b, F_a(b)>$ 中是不可证立的，那么 $F_{a+1}(c)$ $(k) = F$。

（2）闭环规则：

如果 S 在未赋值殊型的集合中是一个闭环，并且跳跃规则不运用于 S 的任何元素，那么对于每个个体 c 和殊型 $k \in S \cap L_a^*$ 而言，F_{a+1} $(c)(k) = \text{GAP}$。

（3）放弃规则：

如果未赋值殊型的集合是非空的，并且没有先行规则运用于任何这些殊型，那么对于任何这样的 $k \in L_a^*$ 而言，$F_{a+1}(c)(k) = \text{GAP}$。

（Ⅱ）极限序数规则：

对于每个极限序数 λ 而言，$F_\lambda(c)$ 是最小可接受赋值函数，满足对于 $a < \lambda$ 而言，$F_a(c) \subseteq F_\lambda(c)$。

不同于在前一章中给出的关于真理的盖夫曼算法，可证立信念的构造受到这些规则的应用顺序的影响。关键区别在于第（2）条，它是关于新的调用关系的，这在前一章的调用关系的定义中没有对应的条款。对于信念，而非对于真理，两个殊型之间的调用关系的存在可以受到第三个殊型的赋值的影响，因为该赋值可以在相关方面改变概念性个体（conceptual individual）的认知状态。一个个体的认知状态中的一个变化，通过该定义的第（2）条而影响调用关系的存在。因此，重要的是要详细阐明——正像我所做的那样——跳跃规则和闭环规则在任何个体的认知状态更新之前的所有可能应用。

7.3　情境理论在置信悖论中的运用

在本节中，我将用到一种形式的命题"语言"，它是按照巴威斯和埃切曼迪在《说谎者悖论》一书中运用的那些语言而建模的，就像我自己在第 6 章中的语言建模那样。我将引进三种性质："*I*"表示根据某个命题而对一个殊型做出的解释，"*J*"表示一个人对于某个命题的信念是合理

可证立的，以及"*Ep*"表示一个主体与其认识状态之间的关系。"< *I*, *i*,

137 *k*, *p*; 1 >"表达原子事实：语句 *k* 在个体 *i* 的思想语言中表达命题 *p*。

"< *J*, *i*, *p*; 1 >"表达原子事实：个体 *i* 对于命题 *p* 的信念是合理可证立的。"< *Ep*, *i*, *e*; 1 >"则表达 *e* 是 *i* 的认识状态这一事实。

定义 1：令 *X* 和 *Y* 是任何两个类。*X* 和 *Y* 的闭包 $\Gamma(X, Y)$ 是包含 *X* 的极小汇集，并且在下列条件下封闭：

（1）如果 *Z* 是 $\Gamma(X, Y)$ 的一个有穷元素序列，那么 $[\wedge Z]$ 在 $\Gamma(X, Y)$ 之中；

（2）如果 $p \in \Gamma(X, Y)$，并且 $v \in Y$，那么 $[\forall v: p[v/d]] \in \Gamma(X, Y)$；

（3）如果 $z \in \Gamma(X, Y)$，那么 $[\sim z]$ 在 $\Gamma(X, Y)$ 之中。

为了简单起见，我假定只存在唯一的思想语言 *L*。我还进一步假定，这种语言的语句结构反映无参量命题的结构。一个情境化子语句（situated subsentence）就是 *L* 中的某个语句的一部分，以及该部分在该语句中的位置。在形式上，我把一个子句表示为一个有穷序列，序列的第 1 个成分是一个语句，其他成分也都是语句，每个语句都是其前趋的直接构成成分。最后那个成分，即该子句的面（face），表示该子句自身的语法形式。第 1 个成分，即该子句的底（base），表示该子句的终极认知语境（ultimate cognitive context）。

定义 2：令 SOA、SIT、ATPROP、PROP、*V*、*L* 和 *L*⁺ 都是最大的类，满足：

＊每个 $\sigma \in$ SOA 都具有 < *H*, *a*, *b*; *t* >（一个典型的非语义原子命题）、< *Ep*, *i*, *e*; *t* >、< *J*, *a*, *p*; *t* > 或 < *I*, *a*, *k*, *p*; *t* > 的形式，其中 *H*、*Ep*、*J* 和 *I* 是不同的原子，*a* 和 *b* 是具体个体或 *V* 的元素，$k \in L^+$，$p \in PROP$，*t* 是 0 或 1。

＊每个 $s \in$ SIT 都是 SOA 的一个子集。

＊每个 $p \in$ PROP 都属于 $\Gamma($ATPROP, *V*$)$。

＊每个 $p \in$ ATPROP 都具有 < *s*, σ > 的形式，其中 $s \in$ SIT，并且 $\sigma \in$ SOA。

＊每个 $v \in V$ 都具有 $<n, A>$ 的形式，其中 n 是一个自然数，A 是 U（具体个体的集合）、SIT、SOA、PROP、V、L 或 L^+ 的一个子集。

＊每个 $\varphi \in L$ 都属于 $\Gamma(\text{SOA}, V)$。

＊每个 $k \in L^+$ 都是一个有穷序列 $<\varphi_0, \cdots, \varphi_n>$，满足（ⅰ）每 *138* 个 φ_i 都属于 L，并且（ⅱ）对于每个 i 而言，使得 $0 \leqslant i \leqslant n-1$。

（a）$\varphi_i = \sim\varphi_{i+1}$，或者

（b）$\varphi_i [\wedge Z]$ 并且 φ_{i+1} 是 φ_i 的一个成分，或者

（c）$\varphi_i = [\forall v: \psi[c/d]]$，$\varphi_{i+1} = \psi[c/d]$，$v = <n, A>$，并且 $c \in A$。

对于具体个体、命题、SOAs、情境和语句的每个集合，都存在可数多个任意个体。每个任意个体都有这样一个集合作为它的唯一的义域（range of significance）。

至此，我就可以为这些命题引进下面的真值定义了。

定义 3：真值定义。设 g 是一个函数，它的定义域是一个任意个体集，值域是具体个体、命题、SOAs 和情境的一个集合，使得对于每个 $x \in D(g)$ 而言，$g(x) = x^3$ 或者 $g(x)$ 在 x 的义域之中。令 σ/g 是用 $g(d)$ 替换 g 的定义域中的个体 d 的每次出现而得到的结果。

（1）命题 $<s, \sigma>$ 相对于 g 而言为真，当且仅当，$\sigma/g \in s$。

（2）命题 $[\sim p]$ 相对于 g 而言为真，当且仅当，p 相对于 g 而言不真。

（3）命题 $[\wedge Z]$ 相对于 g 而言为真，当且仅当，Z 的每个元素相对于 g 而言均为真。

（4）命题 $[\forall v: q[v/d]]$ 相对于 g 而言为真，当且仅当，对于 v 的值域内的每个元素 c 而言，$q[c/d]$ 相对于 g 而言为真。

（5）命题 p 为真，当且仅当，存在一个 g，使得 p 相对于 g 而言为真。

我将为这些命题引进一种演绎系统。首先定义一个个体在一个命题中出现的条件，再定义从一个命题集 Γ 演绎推出命题 p 的关系，最后定义

一个命题集是另一个命题集的演绎后承的关系。为了使理性主体的信念是演绎封闭的，就需要"演绎后承"这个概念。由于每个奥斯汀型命题都必然为真或者必然为假，所以"演绎后承"概念会有何用途不是立刻就显而易见的。可以规定，只要 $s \neq s'$，那么两个命题 $<s, \sigma>$ 和 $<s', \sigma>$ 在逻辑上就是独立的。但是，我规定，只要 $s \subseteq s'$，那么 $<s, \sigma>$ 就衍推 $<s', \sigma>$。

定义 4：个体 c 出现于命题 p，当且仅当：

(1) $p = <s, \sigma>$，并且 c 是 σ 的一个成分；

(2) $p = \sim q$，并且 c 出现于 q；

(3) $p = [\wedge Z]$，并且 c 出现于序列 Z 的某个成分；

(4) $p = [\forall v:q]$，并且 $c = v$ 或 c 不出现于 q。

定义 5：$\Gamma \vdash p$，当且仅当下列条件之一成立：

(1) $[\forall v:q[v/d]] \in \Gamma, v = <n, A>, c \in A$，并且 $p = q[c/d]$；

（∀应用）

(2) $[\forall v:q[v/d]] \in \Gamma, v = <n, A>, v' = <m, B>, B \subset A$，并且 $p = q[v'/d]$；

（对任一个体的 ∀ 应用）

(3) p 是一个重言式；

（重言法则）

(4) $p = <s, \sigma>, q = <s', \sigma>, q \in \Gamma$，并且 $s' \subseteq s$；（参量增加法则）

(5) $p = q[v'/d], \sim [\forall v:q[v/d]] \in \Gamma, v = <n, A>, v' = <m, B>, A \subseteq B$，并且 v' 不出现于 Γ；

（∃应用）

(6) $p = \sim [\forall v:q[v/d]], v = <n, A>, \sim q[c/d] \in \Gamma$，并且 $c \in A$；

（∃引入）

(7) $p = \sim [\forall v:q[v/d]], v = <n, A>, v' = <m, B>, B \subseteq A$，并且 $\sim q[v'/d] \in \Gamma$；

（由任意个体的 ∃ 引入）

(8) $p = \sim <s, \sigma>, q = <s, \sigma'>$，其中 σ' 是 σ 的对偶，并且 $q \in \Gamma$；

（内部-外部否定法则）

(9) Γ' 是 Γ 的一个后承，并且 $\Gamma' \vdash p$。 （传递性）

定义 6：命题集 Γ' 是集合 Γ 的一个直接后承，当且仅当下列之一成立：

（1）存在一个 p，使得 $\Gamma \vdash p$，并且 $\Gamma' = \Gamma \cup \{p\}$；　（单调性）

（2）对于每个 $p \in Y$ 而言，$\Gamma \vdash p$，并且 $\Gamma' = \Gamma \cup \{[\forall Y]\}$；

（∀引入）

（3）$\Gamma \cup \{p\} \vdash q$，并且 $\Gamma' = \Gamma \cup \{\sim[\wedge <p, \sim q>]\}$。

（条件证明）

定义 7：命题集 Γ' 是集合 Γ 的一个后承，当且仅当，存在一个有穷链 $\Gamma_0, \cdots, \Gamma_n$，使得 $\Gamma_0 = \Gamma$，$\Gamma_n = \Gamma'$，并且对于每个 $i < n$ 而言，Γ_{i+1} 是 Γ_i 的一个直接后承。

命题集 Γ 是不相容的，当且仅当，存在一个命题 p，使得 $\{p, \sim p\}$ 是 Γ 的一个后承的一个子集。否则，Γ 就是相容的。

定义 8：A 是一个模型，当且仅当，A 是 SOAs 的一个类，使得对于每个 σ 而言，σ 或者它的对偶属于 A，但二者不都属于 A。

我假定，对于每个 $\sigma \in$ SOA，对于模型 A 中的每个情境 s（即 s 是 A 的一个子集），以及对于每个模型 A' 而言，在 A' 中存在 s 的一个对应函数 $C(A', s, A, \sigma)$。该对应函数总是 A' 的一个子集。而且，该对应函数是保子集的（subset - preserving）：如果 $s \subseteq s' \subseteq A$，那么对于每个模型 A' 而言，$C(A', s, A, \sigma) \subseteq C(A', s', A, \sigma) \subseteq A'$。

定义 9：设 g 是一个函数，它的定义域是 V 的一个子集，使得对于每个 $v \in D(g)$ 而言，如果 $v = <n, A>$，那么 $g(v) \in A$。

在 A 中，一个命题 p 相对于 A' 和 g（给定对应函数 C）而言为真，当且仅当：

（1）如果 $p = <s, \sigma>$，那么 $\sigma/g \in C(A', s, A, \sigma/g)$；

（2）如果 $p = \sim q$，那么相对于 A 和 g 而言，q 在 A 中不是真的；

（3）如果 $p = [\wedge Z]$，那么相对于 A' 和 g 而言，Z 中的每个 q 在 A 中都为真；

（4）如果 $p = [\forall v: q[v/d]]$，$v = <n, A>$，那么对于每个 $c \in A$ 而言，使得相对于 A' 和 g 而言，$q[c/d]$ 在 A 中都为真。

一个命题集 P 相对于 A' 而言在 A 中为真，当且仅当，存在一个 g，使得相对于 A' 和 g 而言，P 的每个元素在 A 中都为真。[3]

定义 10：$\Gamma \vdash \Gamma'$，当且仅当，Γ 和 Γ' 都是命题集，并且对于每个 A、A' 和 C 而言，满足存在一个 g，使得相对于 A' 和给定的 C 而言，Γ 的每个元素在 A 中都为真；并且满足存在一个 h，使得相对于 A'、h 和给定的 C 而言，Γ 和 Γ' 的每个元素在 A 中都为真。

一个 Ur–模型是一个情境，它不包含置信 SOAs（即包括 "I" 或 "J" 的 SOAs，它们是极大的，并且相容于非置信 SOAs）。我假设存在一个固定的可数的具体个体集 U。

定义 11：一个 Ur–模型 M 是这样一个情境：

（1）该情境不包含置信 SOAs；

（2）对于 U 中的每对个体 a 和 b，对于每个认知个体 i，以及对于每个认识情境 e 而言，在下列每对 SOAs 中恰有一对属于 M：$<H, a, b; 0>$ 或 $<H, a, b; 1>$，$<Ep, i, e; 0>$ 或 $<Ep, i, e; 1>$；并且

（3）如果 $<Ep, a, e; 1> \in s$，并且 $<Ep, a, e'; 1> \in s$，那么 $e = e'$。

一个 Ur–情境是某个 Ur–模型的一个子集。

定义 12：情境化子句 k 与命题 p 是结构同态的，当且仅当：

（1）$Face(k) = \varphi$，其中 φ 是原子的，并且对于某个 s 而言，$p = <s, \varphi>$；

（2）$Face(k) = \sim\psi$，$p = \sim q$，并且 $k^\wedge <\psi>$ 与 q 是同态的；

（3）$Face(k) = [\wedge Z]$，$p = [\wedge Q]$，Z 与 Q 都是同等长度的有穷序列，并且对于每个 i 而言，$k^\wedge <Z_i>$ 与 Q_i 是同态的；或者

（4）$Face(k) = [\forall v: \psi[v/b]]$，$p = [\forall v: q[v/b]]$，并且 $k^\wedge <\psi>$ 与 q 是同态的。

定义 13：一个情境化子句 k 是肯定的，当且仅当它的面出现于它的底句的偶次外部否定（$\sim$）。k 是否定的，当且仅当它的面出现于奇次外部否定。

定义 14：关系 $\leqslant$ 是按照下列递归而被定义于 PROP × PROP 的：

（1）$<s, \sigma> \leqslant <s', \sigma>$，当且仅当 $s' \subset s$；

（2）$\sim p \leqslant \sim q$，当且仅当 $q \leqslant p$；

（3）$[\wedge Z]\leqslant[\wedge Z']$，当且仅当 Z 和 Z' 的长度均为 n，并且对于每个 $i<n$ 而言，$z_i\leqslant z'_i$；

（4）$[\forall v: p[v/c]]\leqslant[\forall v': q[v'/c]]$，当且仅当 $v=v'$ & $p\leqslant q$。

定义 15：一个情境 s 是可能的，当且仅当：

（Ⅰ）相容性：

（1）不存在 SOA，使得 σ 和它的对偶都属于 s。

（Ⅱ）函数输出的唯一性：

（2）如果 $<I,\ i,\ k,\ p;\ 1>\in s$，并且 $<I,\ i,\ k,\ q;\ 1>\in s$，那么 $p=q$。

（3）如果 $<Ep,\ i,\ e;\ 1>\in s$，并且 $<Ep,\ i,\ e';\ 1>\in s$，那么 $e=e'$。

（Ⅲ）否定的解释：

（4）如果 $k=k'^{\wedge}<\varphi>$，$Face\ (k')\ =\ \sim\varphi$，并且 $<I,\ i,\ k,\ p;\ 1>\in s$，那么 $<I,\ i,\ k',\ \sim p;\ 1>\in s$。

（5）如果 $k=k'^{\wedge}<\varphi>$，$Face\ (k')\ =\ \sim\varphi$，并且 $<I,\ i,\ k,\ p;\ 0>\in s$，那么 $<I,\ i,\ k',\ \sim p;\ 0>\in s$。

（Ⅳ）合取的解释：

（6）如果 $Face(k)=[\wedge Z]$，其中 Z 是一个 n 元序列 $<\varphi_0,\ \cdots,\ \varphi_{n-1}>$，并且对于每个 $m<n$ 和对于 p_m 而言，$<I,\ i,\ k^{\wedge}<\varphi_m>,\ p_m;\ 1>\in s$，那么 $<I,\ i,\ k,\ q;\ 1>\in s$，其中 $q=[\ \wedge<p_0,\ \cdots,\ p_m>]$。

（7）如果 $Face(k)=[\wedge Z]$，其中 Z 是一个 n 元序列 $<\varphi_0,\ \cdots,\ \varphi_{n-1}>$，并且对于每个 $m<n$ 和对于 p_m 而言，$<I,\ i,\ k^{\wedge}<\varphi_m>,\ p_m;\ 0>\in s$，那么 $<I,\ i,\ k,\ q;\ 0>\in s$，其中 $q=[\wedge Q]$ 并且 p_m 是 Q 的第 m 个成分。

（Ⅴ）概括的解释：

（8）如果 $Face(k)=[\ \forall v:\varphi\ [v/d]]$，其中 k 是肯定的，$v=<n,\ A>$，并且对于每个 $c\in A$ 和对于某 p_c 而言，$<I,\ i,\ k^{\wedge}<\varphi[c/d]>,\ p_c;\ 1>\in s$，那么 $<I,\ i,\ k,\ q;\ 1>\in s$，并且对于所有 $q'\neq q$ 而言，*142* $<I,i,\ k,\ q';\ 0>\notin s$，其中 $q=[\forall v:\ p[v/d]]$，并且 p 是一个 $\leqslant$ – 极大命题，使得对于所有 $c\in A$ 而言，$p[c/a]\leqslant p_c$。

(9) 如果 $Face(k) = [\forall v: \varphi[v/d]]$，其中 k 是否定的，$v = <n, A>$，并且对于每个 $c \in A$ 和对于某 p_c 而言，$<I, i, k^{\wedge} <\varphi[c/d]>, p_c; 1> \in s$，那么 $<I, i, k, q; 1> \in s$，并且对于所有 $q' \neq q$ 而言，$<I, i, k, q'; 0> \notin s$，其中 $q = [\forall v: p[v/d]]$，并且 p 是一个 $\leq$ – 极大命题，使得对于所有 $c \in A$ 而言，$p_c \leq p$。

(10) 如果 $Face(k) = [\forall v: \varphi[v/d]]$，其中 k 是肯定的，$v = <n, A>$，并且对于某 $c \in A$ 和对于满足 $q[c/d] \leq p$ 的每个 p 而言，$<I, i, k^{\wedge} <\varphi[c/d]>, p; 0> \in s$，那么 $<I, i, k, [\forall v: q[v/d]]; 0> \in s$。

(11) 如果 $Face(k) = [\forall v: \varphi[v/d]]$，其中 k 是否定的，$v = <n, A>$，并且对于某 $c \in A$ 和对于满足 $p \leq q[c/d]$ 的每个 p 而言，$<I, i, k^{\wedge} <\varphi[c/d]>, p; 0> \in s$，那么 $<I, i, k, [\forall v: q[v/d]]; 0> \in s$。

（Ⅵ）结构同态性：

(12) 如果 k 与 p 不是结构同态的，那么 $<I, i, k, p; 0> \in s$。

（Ⅶ）信念对象的可及性：

(13) 如果 $<J, i, p; t> \in s$，并且 $<s', \sigma>$ 是 p 的一个子命题，那么 $s' \subseteq s$。

(14) 如果 $<I, i, k, p; t> \in s$，并且 $<s', \sigma>$ 是 p 的一个子命题，那么 $s' \subseteq s$。

情境理论引进情境参量的原因是多种多样的，其中之一是处理类说谎者悖论。我假定，在每个认知个体的思想语言中的每个初始原子子句被指派某个 Ur – 情境作为起始参量。本章的任务是刻画如何通过增加适当的置信 SOAs 来扩充那些起始参量。我假定存在一个起始参量函数 B，使得对于每个认知个体 i 和每个原子情境化子句 k 而言，$B(i, k)$ 是满足 $B(i, k) \subset M$ 的一个 Ur – 情境。

一个思想殊型可以表示为一个有序对 $<i, k>$，其中 i 是认知个体，k 是情境化子句。这种殊型的解释过程始于一个 Ur – 模型 M 和一个起始参量函数 B，并且该解释过程产生一个新情境，其中存在关于殊型的解释的适当事实。我将刻画一种运算，当它被运用于一个情境

s 和一个函数 B 时，结果总是 s 的一个扩充情境；在这种意义上，它是单调的。

认知状态可以被定义为偏函数，它们把某种认识权重（epistemic weights）指派给 L 中的语句。我不定义这些认识权重的精确特性。重要的是，这样一个认知状态引进 L 的子集的集合上的一个弱偏好序（weak preference ordering）。

现在，我必须界定何时命题 p 对于认知个体 i 而言是可证立的。如果 M 是一个 Ur – 模型，那么令 $E_M(i)$ 是一个认识情境 e，使得 $<Ep$, i, e; $1> \in M$。一个可能情境 s 对于个体 i 而言是一个总语境（total context），当且仅当，如果 s 扩充 M，并且对于 L^* 中的每个情境化子句 k 而言，都恰好存在一个命题 p，使得 $<I$, i, k, p; $1> \in s$。作为一个认识情境，$E_s(i)$ 是一个偏函数，它给 L 中的语句指派认识权重。令 $D_s(i)$ 是 $E_s(i)$ 中的数据语句的集合，也就是说，$D_s(i)$ 是 $E_s(i)$ 的值域。

定义 16：$D_s(i)$ 在总语境中的优先子集是具有最大权重的 $D_s(i)$ 的子集 $K(i, s)$，它满足下述条件。集合 $P = \{p: \exists \varphi (<I$, i, $<K(i, s)$, $\varphi>$, p; $1> \in s)\} \cup \{p: \exists Q(p = <s$, $<J$, i, Q; $1> >$ & p 为真)\} \cup \{p: p$ 是一个置信原子，并且 p 在 s 中是可表达的\} 是演绎相容的。

集合 $\{p: \exists \varphi (<I$, i, $<K(i, s)$, $\varphi>$, p; $1> \in s)\} \cup \{p: p$ 是一个置信原子，并且 p 在 s 中是可表达的\} 被称为 $E(i)/s$ 的命题基准（propositional basis）。

定义 17：命题 p 对于 i 而言在这样一个总语境 s 中是可证立的，当且仅当 p 是集合的一个有穷链 C 的最后那个元素的一个元素，使得：

（1）第 1 个元素 C_0 是 $E(i)/s$ 的命题基准；

（2）每个 C_{a+1} 都可以得自 C_a。

一个命题 p 对于认知个体 i 而言在情境 s 中是可证立的，当且仅当 p 对于 i 而言在 s 的扩充的每个总语境中都是可证立的。

一个语句 k 对于 i 而言在 s 中是可证立的，当且仅当对于 i 来说对于 s 的扩充的每个总语境 s' 而言，满足 $<I, i, k, p; 1>\in s'$ 的命题 p 对于 i 而言在 s' 中是可证立的。

一个语句 k 对于 i 而言在 s 中是不可证立的，当且仅当对于 i 来说对于 s 的扩充的每个总语境 s' 而言，满足 $<I, i, k, p; 1>\in s$ 的命题 p 对于 i 而言在 s' 中不是可证立的。

殊型与情境的相互关系

在接下来的构造中，给定具体思想殊型和基本非置信参量的一张网，我将详述置信情境参量是如何被指派给每个殊型的。首先需要确定的问题
144 是，是应当只把可能殊型包括进该网中的置信可及世界呢，还是应当把该网限制为实际世界呢？如果采用第一种方法，那么一个认知个体的思想的解释会完全独立于她的实际环境，而仅仅取决于她面前显现的世界的内在特征。根据第二种方法，关于实际世界的事实则会不可避免地影响一个认知个体的思想。我采用第二种方法，因为它看起来更符合情境理论之精神。

殊型的解释有三个指导原则。按照顺序，它们分别是对称性原则、宽容性原则和利益性原则（the principle of interest）。[4]首先，我优先考虑避免违反网中的各种各样的对称性。其次，我尝试解释每个极大殊型（表示一个独立的思想或信念）以使之为真——如果可能的话。最后，我尝试解释每个殊型以给它指派尽可能丰富的内容（对于我们以及对于该个体本身而言，就是极大化它的利益性）。为了使宽容性原则要求有意义，就必须定义一个殊型在一个情境中的真值。

定义 18：（给定 B）殊型 $<i, k>$ 在情境 s 中的真值是按照递归而被部分定义的：

（1）如果 k 是一个原子非置信情境化子句，那么 $<i, k>$ 在 s 中的真值为 1 当且仅当 $k\in B(i, k)$。否则，$<i, k>$ 在 s 中的真值为 0。

（2）如果 k 是一个原子置信情境化子句，那么 $<i, k>$ 在 s 中的真值为 1 当且仅当存在一个真命题 $<s', \sigma>$，使得 $<I, i, k, <s', \sigma>; 1>\in s$，并且 $<i, k>$ 在 s 中的真值为 0 当且仅当存在一个假命

题 $<s', \sigma>$，使得 $<I, i, k, <s', \sigma>; 1> \in s$。

（3）如果 $k' = k^{\wedge}<\varphi>$，并且 $Face(k) = \sim\varphi$，那么 $<i, k>$ 在 s 中的真值为 1 当且仅当 $<i, k'>$ 在 s 中的真值为 0，并且 $<i, k>$ 在 s 中的真值为 0 当且仅当 $<i, k'>$ 在 s 中的真值为 1。

（4）如果 $Face(k) = [\wedge Z]$，其中 Z 是一个 n 元序列 $<\varphi_0, \cdots, \varphi_{n-1}>$，并且对于所有 $m < n$ 而言，$<i, k^{\wedge}<\varphi_m>>$ 在 s 中的真值为 1，那么 $<i, k>$ 在 s 中的真值为 1。如果 $Face(k) = [\wedge Z]$，其中 Z 是一个 n 元序列 $<\varphi_0, \cdots, \varphi_{n-1}>$，并且对于某个 $m < n$ 而言，$<i, k^{\wedge}<\varphi_m>>$ 在 s 中的真值为 0，那么 $<i, k>$ 在 s 中的真值为 0。

（5）如果 $Face(k) = [\forall v{:}\varphi[v/a]]$，其中 $v = <n, A>$，并且对于所有 $c \in A$ 而言，$<i, k^{\wedge}<\varphi[c/a]>>$ 在 s 中的真值为 1，那么 $<i, k>$ 在 s 中的真值为 1。如果 $Face(k) = [\forall v{:}\varphi[v/a]]$，其中 $v = <n, A>$，并且对于某个 $c \in A$ 而言，$<i, k^{\wedge}<\varphi[c/a]>>$ 在 s 中的真值为 0，那么 $<i, k>$ 在 s 中的真值为 0。

定义 19：殊型 $<i, k>$ 在情境 s 中是开放的，当且仅当 $<i, k>$ *145* 在 s 中没有真值，并且

（1）k 是一个语句（一个一元序列），或者，

（2）k 是 k' 的一个直接成分，并且 $<i, k'>$ 在 s 中是开放的。

通过结合殊型及其解释所依赖的信息，调用关系会把具体殊型集转化为一个有向网。

定义 20：调用关系。殊型 $<i, k>$ 在情境 s 中直接调用殊型 $<j, k'>$，当且仅当下列条件之一成立：

（1）（a）$<i, k>$ 在情境 s 中是开放的；

　　（b）$Face(k) = <J, j, p; t>$；

　　（c）存在总语境 c 和 c'，它们是 s 的扩充，使得除了 k' 之外，c 和 c' 在所有原子子句上都是相合的；并且 p 对于 j 来说相对于 c 而言是可证立的，当且仅当 p 对于 j 来说相对于 c' 而言不是可证立的。

（2）$<i, k>$ 在情境 s 中是开放的，并且 $Face(k) = <I, j, k',$

p；$t>$。

（3）$i=j$，$Face(k')$ 是一个原子置信殊型，并且 k' 是 k 的一个子句。

一个殊型 $<i, k>$ 调用殊型 $<j, k'>$，当且仅当存在一条从 $<i, k>$ 到 $<j, k'>$ 的有穷调用路径。

现在，我需要定义置信树（doxic trees）上的两种单调运算。第一种运算表示为 τ，给模型添加关于在该构造中给定阶段确定的置信事实的信息。

定义 21：情境 s 的置信闭包 $\tau(s)$ 是 s 的扩充的极小可能情境 s'，使得：

（1）如果 p 对于 i 而言在 s 中是可证立的，那么 $<J, i, p; 1>$ $\in s'$。如果 p 对于 i 而言在 s 中是不可证立的，那么 $<J, i, p; 0>$ $\in s'$。

（2）如果（a）$Face(k) = <J, j, p; t>$，并且（b）$<J, j, p; t+/-1> \in s$，那么 $<I, i, k, <s', <J, j, p; t>>; 1> \in s'$。

（3）如果（a）$Face(k) = <I, k', p; t>$，并且（b）$<I, j, k, p; t+/-1> \in s$，那么 $<I, i, k, <s', <I, j, k', p; t>>; 1> \in s'$。

（4）如果（a）$Face(k)$ 是一个原子置信句，并且（b）$<i, k>$ 在 s 中不是开放的，那么 $<I, i, k, <s', Face(k)>; 1> \in s'$。

（5）如果（a）$Face(k)$ 是一个原子非置信情境化子句，那么 $<I, a, k, <B(i, k), Face(k)>; 1> \in s'$。

146 悖论性殊型属于有关调用关系的有向网中的环或无穷递降链。为了正确地解释这样的殊型，就必须定义一个封闭链概念，并且必须区分几种不同的封闭链。

定义 22：一个殊型集是一个环，当且仅当，$S \neq \varnothing$，并且对于 S 中的所有 k 和 k' 而言，存在一条从 k 到 k' 的调用路径。一个极大环不是任何环的真子集。

一个殊型集是一个无穷递降链，当且仅当 S 中的每个殊型 k 直接调用 S 中的另一个殊型。一个真链（proper chain）不包含环。一个极大真链不是任何真链的真子集。

定义 23："*J*"或"*I*"在一个语句中的一次出现是否定的，如果它在该语句的前束-析取标准形式中的相应出现是外部否定的（按照 ～）。否则，"*J*"或"*I*"在该语句中的出现就是肯定的。

"*J*"或"*I*"在一个子句中的一次出现是肯定的，当且仅当它在相关语句中的相应出现是肯定的；这对于否定出现是类似的。一个原子置信殊型 $<i, k>$ 是肯定的或否定的，像"*J*"或"*I*"在 k 中的出现那样。

定义 24：一个纯环是仅包含肯定原子殊型或者仅包含否定原子殊型的环。

一个局部纯链 S 可以被分为两个集合 S_1 和 S_2，其中 S_1 是一个仅包含肯定或者仅包含否定原子置信殊型的无穷递降链，并且 S_1 中的殊型都不调用 S_2 中的任何殊型。在这种情况下，任何极大的这样的 S_1 都称为 S 的一个纯部分。

定义 25：相对于 τ - 固定点 s_0 而言的一个情境 s 的基础化（foundationalization）$\varphi(s)$ 是 s 的一个极小扩充情境 s'，满足下列四个条件：

（1）如果 S 是一个纯环或链，$<i, k>$ 属于 S 的一个纯部分，并且 $Face(k) = <J, j, p; t>$，那么 $<I, i, k, <s_0, <J, j, p; t>>; 1> \in s'$。

（2）如果 S 是一个不包含原子 J - 殊型的纯链，$<i, k>$ 属于 S 的一个纯部分，并且 $Face(k) = <I, j, K, p; t>$，那么 $<I, i, k, <s_0, <I, j, k, p; t>>; 1> \in s'$。

（3）如果 S 是一个非纯环或链，$<i, k>$ 是一个否定殊型，$<i, k> \in S$，并且 $Face(k) = <J, j, p; t>$，那么 $<I, i, k, <s_0, <J, j, p; t>>; 1> \in s'$。

（4）如果 S 是一个非纯环或链，S 不包含原子 J - 殊型，$<i, k>$ 是一个否定殊型，$<i, k> \in S$，并且 $Face(k) = <I, j, k', p; t>$，那么 $<I, i, k, <s_0, <I, c, k', p; t>>; 1> \in s'$。

147   一个置信网可以如下程序进行完善。首先，重复运用单调运算 τ（按照极限序数的极限），直至获得极小固定点 s_0。其次，重复运用基础化运算 φ，得到一个固定点 s^*。最后，再重复运用封闭运算 τ^*，直至获得一个新的固定点 s_1。

定义 26：（给定 τ–固定点 s_0）情境 s 的最终置信闭包 $\tau^*(s)$ 是 s 的极小扩充情境 s'，使得：

（1）如果 p 对于 i 而言在 s 中是可证立的，那么 $<J, i, p; 1> \in s'$；如果 p 对于 i 而言在 s 中是不可证立的，那么 $<J, i, p; 0> \in s'$。

（2）（a）如果 $Face(k) = <J, j, p; t>$，

    （b）如果不存在 q，使得 $<I, i, k, q; 1> \in s$，并且

    （c）如果（ⅰ）k 是肯定的，且 $<J, j, p; t+/-1> \in s$ 或 $<J, j, p; t> \in s$，或者（ⅱ）k 是否定的，且 $<J, j, p; t+/-1> \in s$，

那么 $<I, i, k, <s', <J, j, p; t>>; 1> \in s'$。

（2'）（a）如果 $Face(k) = <J, j, p; t>$，

    （b）如果不存在 q，使得 $<I, i, k, q; 1> \in s$，并且

    （c）如果 k 是否定的，且 $<J, j, p; t> \in s$，

那么 $<I, i, k, <s_0, <J, j, p; t>>; 1> \in s'$。

（3）（a）如果 $Face(k) = <I, j, k', p; t>$，

    （b）如果不存在 q，使得 $<I, i, k, q; 1> \in s*$，并且

    （c）如果（ⅰ）k 是肯定的，且 $<I, j, k', p; t+/-1> \in s$ 或 $<I, j, k', p; t> \in s$，或者如果（ⅱ）k 是否定的，并且 $<I, j, k', p; t+/-1> \in s$，

那么 $<I, i, k, <s', <I, j, k', p; t>>; 1> \in s'$。

（3'）（a）如果 $Face(k) = <I, j, k', p; t>$，

    （b）如果不存在 q，使得 $<I, i, k, q; 1> \in s^*$，并且

    （c）如果 k 是否定的，且 $<I, j, k', p; t> \in s$，

那么 $<I, i, k, <s_0, <I, j, k', p; t>>; 1> \in s'$。

（4）（a）如果 $Face(k)$ 是一个原子置信句，并且

（b）$<i, k>$ 在 s 中不是开放的，并且

（c）不存在 q，使得 $<I, i, k, q; 1> \in s$，那么

（ⅰ）如果 k 是肯定的，则 $<I, i, k, <s_0, Face(k); 1>> \in s'$，并且

（ⅱ）如果 k 是否定的，则 $<I, i, k, <s', Face(k); 1>> \in s'$。

命题 I：如果不存在 q，使得 $<I, i, k, q; 1> \in \tau(s)[\tau^*(s)]$，那么 $<i, k>$ 调用（相对于 s 的）某个殊型；如果 $<i, k>$ 是一个原子置信殊型，情况则相反。

证明：这直接得自 τ、τ^* 和调用关系的定义。 *148*

命题 II：如果 $<j, k'>$ 相对于 s 被 $<i, k>$ 调用，那么不存在 q，使得 $<I, j, k', q; 1> \in s$。

证明：这直接得自调用关系的定义。

命题 III：如果 s 是一个相对于 φ 的固定点，那么 s 不包含环或递降链。

证明：调用关系的定义保证每个环或链都包含并且仅包含某些未解释的原子置信殊型。该环或链必定是纯或非纯的，并且在每种情况下，φ 的一次运用都会得到某些未解释殊型的解释。因此，s 不可能是一个相对于 φ 而言的固定点。

命题 IV：给定 s_0，如果 s^* 是一个相对于 φ 而言的固定点，并且 s_1 是一个相对于 s^* 的扩充 τ^* 而言的固定点，那么对于每个认知个体 i 和每个子句 k 而言，都存在一个 q，使得 $<I, i, k, q; 1> \in s_1$。

证明：由于 s^* 按照命题 II 是一个 φ-固定点，所以它不包含环或链。假设 k 在 s_1 中是未解释的是矛盾的。根据命题 I，（殊型）k 相对于 s_1 调用某个殊型 k'。按照命题 II，殊型 k' 在 s_1 中必定是未解释的。根据归纳，在 s 中必定存在一个闭环或链。但是，由于 s_1 扩充一个 φ-固定点而没有

引进任何新殊型，所以不存在这样的闭环或链。

这些固定点的存在关键取决于一个事实，即所有量化都是约束的（bounded），因为每个变元都包含一个集合作为它的义域。如果允许非约束量化，就不可能保证为一个殊型网（它本身可能是一个真类）定义一个全解释函数。因此，一个相信非约束量化的人必须假定所有殊型都得到了解释，但有些殊型却是以超出所有形式定义的一种神秘方式而得到它们的解释的，或者她必须假定某些完美殊型根本无须解释。后面这种选择是尤其令人遗憾的，因为它会破坏说谎者悖论的语境敏感方案的基础。这种方案的关键动机之一，就是避免完全不表达命题的殊型之言述，例如经验的说谎者悖论①。

但是，如果所有命题都是关于有限偏情境的，那么如何表达任何真的普遍性命题，包括那些构成我自己关于理性主体的理论和关于逻辑二律背反解决方案的命题呢？我将在附录 C 中探讨这个问题，那里将讨论一种普遍性，我称之为"模式普遍性"（schematic generality），但这已超出了此处的讨论范围。

注释

［1］一种更完整的分析将会考察这两个参与者的合理主观概率，而不是仅看有无信念。这有点复杂，但它不会实质地改变这里获得的结果。

［2］Kripke（1975），p. 715.

［3］当 $g(x) = x$ 时，像在 < < Variable, x > , s > 中那样，该命题被解释为是关于变元 x 的［这对应于一个变元在标准形式语言中的提及（mention）］。当 $g(x)$ 是 x 的意义域中的某个元素时，像关于该值域的某

---

① 所谓"经验的说谎者悖论"，是指由于经验事实的不利出现而导致的类说谎者悖论。如在一块黑板上出现的语句 A："写在本黑板上的语句有的是假的"，若该黑板上还有另一个假语句（如 1 + 1 = 1）出现，则语句 A 是真的且并不导致悖论；但若"经验事实不利出现"，即黑板上另有一个真语句（如 1 + 1 = 2）出现，则语句 A 就导致一个经验的类说谎者悖论。本书 6.3 节所举的几个案例，都属于因经验事实不利出现而导致的悖论。

个非特定元素的解释那样，该命题被解释为是关于参量的［这对应于一个变元的使用（use）］。

　　［4］请参见 Burge（1979）。伯奇的三个原则是对称性原则、宽容性原则和极小性原则。

结 语

150　　我已表明，深入探究交互信念和策略合理性现象，就不可避免地导向直面类说谎者悖论，而这种悖论的困扰独立于有关信念对象的语形结构，使得（哥德尔意义上的）自指成为可能的假定。因此，这些悖论的出现并不能为拒斥这个假定提供好的理由。进而我还表明，关于心智态度的一种语形计算理论，是与一种非常有吸引力的解悖方案相协调的，这就是在第 6 章和第 7 章中探讨的语境敏感方案。

　　这些结果对于心灵哲学具有重要意义。对于哲学唯物主义者来说，一种非常吸引人的策略，就是把计算状态与进程等同于心智状态与进程。例如，一个心智进程被等同于某种表征结构的内在进程。类说谎者悖论现象呈现了对这种策略的挑战，因为大脑中的语形结构表征允许传统上认为属于悖论本性的有害自指。这种挑战现在已被有效地化解了。

　　悖论的这种语境依赖性方案的另一个不同寻常的意蕴是，这种语境依赖性为思想的完全性加上了内在限制。每一个思想都必然是关于世界某个局部的有限部分的思想，真正的完全透视（通常称作"上帝之眼"）是不可能的。不过，按照附录 C 讨论的图式表征，这种有限性是可以在某种程度上克服的。

　　把这种语境敏感解悖理论应用于声誉博弈分析中出现的合理可信性
151　悖论，使我能够找到并解释在这种博弈中固有的某些"认知盲点"。其中的一个结果是：这些博弈的参与者不能预知其他参与者的行动，尽管事实上所有关涉到决定他们如何行动的信息在公众视野中都是常识问题。

　　置于博弈论领域，本书提出的论证支持关于"纳什均衡解"概念过于狭隘的观点 [（Bernheim（1984），Brandenburger & Dekel（1984），

Pearce（1984），Aumann（1987）]。然而，这些论证也表明，纳什均衡的最被看好的替代者，即可理性化（rationalizability）或与之等价的关联均衡，也是过于狭隘的。即使在公共知识的最优条件下，导致悖论的认知盲点也会瓦解参与者选择（譬如在一个纳什均衡或者相关均衡中）交互融贯策略的任何信心基础。不过，通过精致地利用本书所发展的置信逻辑，确定更令人满意的解决方案应当是可能的。

被语境依赖性解悖理论所假定的认知盲点，具有更为宽广的意蕴，可关涉制度主义社会理论与理性行动者模型之间的关系，以及在伦理学中，基于规则的道义伦理理论与后果主义（consequentialism）之间的关系。传统上，基于理性行动者模型的理论（包括很多主流经济学）与基于规则、实践和制度来描述社会现实的理论（或可称之为"纯正社会科学"），被视为两种对立的竞争理论，或者至少被视为无关的不可比较的进路。理解导致悖论的认知盲点，就有望通过解释由效用最大化理性行动者组成的社会中为何能够出现遵循规则现象，从而调和这两种进路。

在第 2 章的声誉博弈悖论中，基于认知盲点的一个结果是，参与者不能预知另一个参与者的行动，即使给定该参与者的一个详细的效用函数。因而，参与者也不能从他们实际观察到的行为来了解关于他人效用的任何东西。因此，声誉博弈的本质不在于通过一个人的可观察行为来向他人传递关于他的实际心智状态的信息（或者错误信息）。相反，被这些认知盲点困扰的参与者，必须以相当不同于标准贝叶斯假定确证模型的一种方式，从观察到的他人行为来"学习"。

我的猜想是，理性行动者必定从事着某种"似然"（as-if）推理：他 *152* 们（因为没有更好的选择）必须基于不受认知盲点困扰的情境的故意错误表征（这不同于准确表征）来行动。例如，他们或许假装垄断者的效用函数存在两种可能，一种是报复没有任何代价，另一种则是报复代价很大乃至于即使它确实具有威慑作用也被禁止。他们必须这样做，以免被盲点弄得无能为力，尽管事实上他们非常清楚垄断者的效用函数不属于这两种可能！这里出现的一个有趣问题是，哪些特性使这种虚构假定变成这种目的的突出选择呢？

利用这种情境"似然"模型，参与者将能够从观察到的他人行为中

（在某种脆弱的意义上）进行"学习"。例如，如果垄断者事实上做出报复，他们就将视之为对于他的效用函数是把报复当作最理想选择这种"假设"的"确证"，即使该报复没有威慑作用。从这种意义上讲，垄断者遵循了一条规则（即总是报复博弈进入者的规则），它不同于总是最大化一个人的实际效用的规则。而且，如果该垄断者认识到其他参与者将按照这种情境"似然"模型来行动，那么为了提高这种适当虚构的准概率，他确认该规则就是合乎情理的。在这点上，给人一种相当强烈的感受是，该垄断者遵循的规则不同于个人效用最大化规则。该垄断者不是仅在利用一条简便的经验法则，还是在确认一条明显的规律，因为这种确认本身就是他的计划的一个组成部分。

一种类似的推理线路可以用来解释各种"间接"后果主义的可能性，诸如规则功利主义，以及用来解释为何后果主义的这些间接形式没有简单坍塌为它们的直接对应形式。例如，有人认为，除了遵循效用最大化规则，一个功利主义者遵循任何规则都是完全不相容的！按照导致悖论的认知盲点而进行的一种分析，可以用来表明这种观点是完全错误的：在追求某种重要声誉时，一个相容的功利主义者，除了遵循效用最大化规则，可能还（在某种严格的意义上）遵循其他规则。

附录 A 数学语句的适用概率

为了将主观概率应用于度量必然为真或为假的数学陈述，我建议使用 欣迪卡的分配范式和与之相关的公式深度观念。[1] 我们可把直观数学的意蕴想象成在无穷的阶段序列中展开。在第 n 阶段，所有深度为 n 或小于 n 的语句和长度为 $f(n)$ 或小于 $f(n)$ 的语句（其中 f 是某个单调递增的一元函数）都被自明核检。这样的语句只有有穷多个，而且我们已经看到，必须有一个能行程序来判定一个给定的语句是否自明。在第 n 阶段发现的自明语句称为"n－自明语句"。然后，所有 n－自明语句在深度 n 处被转换成欣迪卡的分配范式（这种转换也有一个能行程序）。一个在深度 d 处呈分布范式的语句被表达为深度 d 之分子的有穷析取。

深度 n 的分子是有穷的，它们之间相互排斥同时又穷尽了逻辑可能。那些并非平凡地不相容且在 n－自明语句的分配范式中出现的组成深度 n 的分子，被称为"n－可能分子"。给定直观数学在第 n 阶段的发展状态，则 n－可能分子描述了数学世界的这样一些状态，这些状态不能通过任何能行程序来表明其在数学上是不可能的。在这些 n－可能分子中，有些是内在不相容的（但并非平凡地不相容），有些与 n－自明语句不相容，有些与其他自明语句不相容，而有些与直观数学的整体是相容的；然而，在 n 阶段就此做出分辨是不可能的。

在这种过程的每个阶段 n 上，都只有有穷多个 n－可能分子。假设有 k 个这样的分子，则很自然地可以将一个概率（相对于阶段 n）$1/k$ 分配给每个 n－可能分子。深度为 n 或小于 n 的语言中的任何语句的 n－概率，都可通过计算其分配范式的 n－可能分子的数目乘以 $1/k$ 来确定。

如果一个语句的 n－概率为 1，则对任一 $m>0$，$n+m$－概率也为 1。

同样，如果一个语句 n – 概率为 0，那么 $n+m$ – 概率也为 0。一个语句只有在阶段 n 被证明是一组自明的语句的逻辑结果，或与这些语句在逻辑上不相容时，才能得到 1 或 0 的概率。这些事实一旦确定下来，在以后的阶段就不会消失。而 0 与 1 之间的概率却是有可能波动的。

一个语句是可证的，当且仅当，该语句在某个阶段 n 上的 n – 概率是 1。一个语句是自明的，仅当它被赋予 n – 概率 1，而 n 是该语句被考虑的第一个阶段（其深度或长度使其无法在较早的阶段进行考量）。第 3.1 节中提出的 P^* 的自明问题，即涉及以下条件式是否当且仅当其后件被证明时才被赋予概率 1，或者是否应该在更早的阶段被赋予概率 1（即它应该总是被认为是自明的）：

$$(P^*)\ P`\varphi`\rightarrow\varphi$$

我们选择某个使得 $P`\varphi`\rightarrow\varphi$ 的深度小于 n、长度小于 $f(n)$ 的阶段 n，同时也假设 φ 的 n – 概率不为 1。（如果 φ 的 n – 概率为 1 的话，认为 P^* 这个例子是否自明这一点就无关紧要了；出现争议乃在于 $P`\varphi`\rightarrow\varphi$ 的自明问题出现之前，φ 并没有被证明。）

这样就有两种可能情形：要么存在要么不存在某个 m，使得 φ 的 $n+m$ – 概率为 1。如果存在这样的 m，那么对 $P`\varphi`\rightarrow\varphi$ 赋予小于 1 的 n – 概率就是不适当的，因为这样很容易被"荷兰赌"所伤害。如果一个人可以预见到 φ（从而 $P`\varphi`\rightarrow\varphi$ 将得到为 1 的 $n+m$ – 概率），那么他将愿意在阶段 n 下非常大的赌注，因为预测到数学推理者将在阶段 $n+m$ 倾向于遭受净损失以便从之前的赌注中解脱出来。反之，如果不存在这样的 m，那么 φ 不是可证的，而 $P`\varphi`$ 也就不是真的。在这种情况下，$P`\varphi`\rightarrow\varphi$ 为真，因而在 n 阶段给它施加除 1 之外任何概率同样是不适当的。因此，考虑到上述情形，一个理想的理性数学家就会给 P^* 的所有示例赋予概率 1；也就是说，将它们作为自明语句。

注释

[1] Hintikka（1973）.

附录 B　第 6 章定理 2 和定理 3 的证明

定理 2：每个基础完全的情境 s，若在语义良基模型 A 之中且满
足 $P(s)$ 不包含 $A -$ 不可表达命题，都可以被扩充为一个在 A 之中的
伯奇型情境 s^*。

证明：

令 s_0 为不含语义的 SOA 之情境 s 的极大子情境，P 为这样的命题 p 的最
小集合，使得对于 $q \in P$ 而言，$<Tr, p; i> \in s$ 或者 $<Tr, p; i> \in \mathrm{Par}(q)$。
请考虑一个基于 s_0 和 P 的伯奇型序列 $s = \{s_0, s_1, \cdots, s_a, \cdots\}$。

欲证：$s \subseteq \cup S$。

由于 s 是语义良基的，故有一个基础序列 $S' = \{s_0, s_{1'}, s_{2'}, \cdots\}$，使
得 $s \subseteq \cup S'$。这足以表明，对于所有的 a，都存在一个 γ 使得 $s'_a \subseteq s_\gamma$。为
反证起见，假定 a 是最小序数，对所有 γ 而言，$\sim s'_a \subseteq s_\gamma$。显而易见，
$a > 0$。据归纳假设，对于所有 $\delta < a$，都存在 ε，使得 $s'_\delta \subseteq s_\varepsilon$。令 ζ 是所有
这样的 ε 的上确界，也就是说，对于所有 $\delta < a$ 而言，$s'_\delta \subseteq s_\zeta$。

a 要么是一个极限序数，要么是一个后继数。如果 a 是一个极限序
数，则立即得到 $s'_a \subseteq s_\zeta$，这与假设相矛盾。故 a 是一个后继数，并且
$s'_{a-1} \subseteq s_\zeta$。在 $s'_a - s'_{a-1}$ 中的每个非语义 SOA 都属于 s_0。

假设 $<Tr, p; i> \in s'_{a1}$，我们可以通过施归纳于 p 的复杂度来证明
$<Tr, p; i> \in s_{\zeta+1}$。

（1）$p = \{s^*, \sigma\}$，而 σ 是非语义的。

（a）假设 $<Tr, p; 1> \in s_a$。根据 s 的基础完全性，可得 $\sigma \in s_0$。由于
$s_0 \subseteq s_\zeta$，据克林封闭的第（1）条，可得 $<Tr, p; 1> \in s_\zeta$。

（b）假设 $<Tr, p; 0> \in s_a$。根据基础完全性，$s_0 \in s^*$，并且 s_0 相对于非语义 SOA_s 而言是完全的。因此，由于 σ 的对偶属于 s_ζ，据克林封闭的第（2）条，可得 $<Tr, p; 0> \in s_\zeta$。

（2）$p = \{s^*, <Tr, q; j>\}$。

（a）假设 $<Tr, p; 1> \in s_a$。据语义良基性，$<Tr, q; j> \in s^* \cap s_{a-1}$。因此，$<Tr, q; j> \in s^* \cap s_\zeta$。据克林封闭的第（1）条，可得 $<Tr, p; 1> \in s_\zeta$。

156　　（b）假设 $<Tr, p; 0> \in s_a$。据语义良基性，存在两种可能情境：

（ⅰ）$<Tr, q; j>$ 或其对偶 $\in s_{a-1}$。由归纳得，$<Tr, q; j>$ 或其对偶 $\in s_\zeta$。据克林封闭的第（2）条，可得 $<Tr, p; 0> \in s_\zeta$。

（ⅱ）$s^* \subseteq s_{a-1}$，且 $<Tr, q; j> \notin s^*$。据封闭的定义，$<Tr, p; 0> \in s_{\zeta+1}$。

（3）$p = \sim q$。据语义良基性，$<Tr, q; i>$ 的对偶 $\in s_{a-1}$。据克林封闭的第（3）条和第（4）条，可得 $<Tr, p; i> \in s_\zeta$，等等。

因此，$s \subseteq \cup S$，再令 $s^* = \cup S$，这就完成了定理 1 的证明。

引理 1： 对于所有 $s'' \subseteq s$，$r < \{s'', <Tr, r; j>\}$，当且仅当，$<Tr, r; j>$ 或者它的对偶属于 s''。

证明：

[→] 由于 s'' 的语义良基性并且 $s'' \subseteq s$，故存在一个由 s 构成的基础序列 S^*，对于某个 β 及 $s^*_{\beta+1} = \rho_p(s^*_\beta)$，使得 $s = s^*_\beta$。为归谬起见，假设 $<Tr, r; j>$ 及其对偶都不属于 s''。据封闭运算的定义，$\{s'', <Tr, r; j>\}$ 在 $s^*_{\beta+1}$ 上被赋值，因此 $\sim(r < \{s'', <Tr, r; j>\})$，这与假设相矛盾。

[←] 为归谬起见，假定 $<Tr, r; j>$ 或其对偶属于 s''，但有 $\sim(r < \{s'', <Tr, r; j>\})$，故对于由 s 构成的基础序列 S^*，有 $<Tr, \{s'', <Tr, r, j>\}> \in s^*_{\beta+1}$，而 $<Tr, r; j> \notin s^*$。由于 $<Tr, \{s'', <Tr, r; j>\}; 1> \in s^*_{\beta+1}$，所以要么（a）$<Tr, r; j>$ 或其对偶属于 s^*_β，要么（b）$s'' \subseteq s^*_\beta$。情形（a）由假设排除，因此 $s'' \subseteq s^*_\beta$。但这样一来，$<Tr, r; j>$ 及其对偶都不可能属于 s''，这与原来的假设相矛盾。

引理 2： $<Tr, p; i> \in s_{\eta(s',p)+1}$，当且仅当，$<Tr, p; i> \in s'$。

证明：

$[\rightarrow]$ 假定 $<Tr, p; i> \notin s'$。据 η 的定义，存在这样的 β，使 $\eta(s', p) \leqslant \beta$，从而使得 $<Tr, p; i> \notin s_{\beta}$。因为基础序列是累积的，故有 $<Tr, p; i> \in s_{\eta(s', p)+1}$。

$[\leftarrow]$ 假定 $<Tr, p; i> \in s'$。据 η 的定义，$s' \subseteq s_{\eta(s', p)+1}$。因此 $<Tr, p; i> \in s_{\eta(s', p)+1}$。

定理 3：μ 是伯奇模型 M 中之 s 的一个同态（M 基于与 s_0 相一致的解释函数 V）。

证明：

很明显，μ 是关于非语义谓词和常量的同态。有待证明的是关于"真"的解释是否 μ 之下的同态，即： *157*

$$<Tr, p; 1> \in s_{a+1}, \text{当且仅当}, \mu(p) \in (Tr_a)^+$$

$$<Tr, p; 0> \in s_{a+1}, \text{当且仅当}, \mu(p) \in (Tr_a)^-$$

这二者都可以通过施归纳于 a 来证明。如此我可以通过部分良序的"<"的强归纳来证明二者对任意 a 都成立。对于联结词、量词和非语义原子命题，证明可以径直得到。而对于原子语义的情况，我须表明：

(1) $<Tr, \{s', <Tr, q; 1>\}; 1> \in s_{a+1}$，当且仅当，$[Tr(\mu(q)), \eta(s', q)] \in (Tr_a)^+$

(2) $<Tr, \{s', <Tr, q; 0>\}; 1> \in s_{a+1}$，当且仅当，$[Tr(\mu(q)), \eta(s', q)] \in (Tr_a)^+$

(3) $<Tr, \{s', <Tr, q; 1>\}; 1> \in s_{a+1}$，当且仅当，$[Tr(\mu(q)), \eta(s', q)] \in (Tr_a)^-$

(4) $<Tr, \{s', <Tr, q; 0>\}; 1> \in s_{a+1}$，当且仅当，$[Tr(\mu(q)), \eta(s', q)] \in (Tr_a)^-$

首先，我通过对 $<^*$ 的强归纳来证明以下引理。

引理 3：如果 $\mu(q) <^* [Tr(\mu(q)), \eta(s', q)]$，那么 $q < \{s', <Tr, q; i>\}$。

证明：

假设 $\mu(q) <^* [Tr(\mu(q)), \eta(s',q)]$。由此可得，$\mu(q) \in [Tr_{\eta(s',q)}]^{+/-}$。通过归纳法，可假设对于所有的 $\mu(p) <^* \mu(q)$，该引理对 $\mu(p)$ 成立。这个证明可分情况进行：关于原子 q、否定 q 等，我只给出原子语义的例子：$q = \{s'', <Tr, r; j>\}$。故有 $\mu(q) = [Tr(\mu(r)), \eta(s'', r)]$。$\mu(q) \in [Tr_{\eta(s'', r)+1}]^{+/-}$，且 $\mu(q) \in [Tr_{\eta(s',q)}]^{+/-}$，因此 $\eta(s'',r) \leqslant \eta(s',q)$。从而 $\mu(r) \in [Tr_{\eta(s'',r)}]^{+/-}$ 成立或者不成立。

（a）如果 $\mu(r) \in [Tr_{\eta(s'',r)}]^{+/-}$，那么 $\mu(q) \in [Tr_{\eta(s'',r)}]^{+/-}$，这是克林封闭而不是封闭环的一个结果。因此，$\mu(r) <^* \mu(q)$，从而通过施归纳于 $<^*$ 可得 $r < q$。这样，要么 σ' 要么其对偶属于 s''，而据 η 的定义，可得 $s'' \subseteq s_{\eta(s'',r)+1}$。因为 $\eta(s'',r) \leqslant \eta(s',q)$，$s'' \subseteq s_{\eta(s',q)+1}$。据克林封闭，$<Tr, q; i> \in s_{\eta(s',q)+1}$。据引理 2，$<Tr, q; i> \in s'$。再据引理 1，$q < \{s', <Tr, q; i>\}$。

（b）反之，如果 $\mu(r) \notin [Tr_{\eta(s'',r)}]^{+/-}$，那么 $\mu(q) \notin [Tr_{\eta(s'',r)}]^{+/-}$。因为 $\mu(q) \in [Tr_{\eta(s',q)}]^{+/-}$，$\eta(s'',r) < \eta(s',q)$。据 η 的定义，要么 $\eta(s'',r)$ 是 s'' 的外测量，要么 r 在 $s_{\eta(s'',r)+2}$ 被赋值。因此，要么 $s'' \subseteq s_{\eta(s',q)}$，要么 σ' 或其对偶属于 $s_{\eta(s',q)+1}$。无论哪种情况，结果都是或者 $<Tr, q; i>$ 或者其对偶属于 $s_{\eta(s',q)+1}$。因此，据引理 2，$<Tr, q; i>$ 属于 s'，要么 $<Tr, q; i>$ 的对偶属于 s'；再据引理 1，$q < \{s', <Tr, q; i>\}$。

定理 3 的情形（2）和情形（4）的证明分别类似于情形（1）和情形（3）的证明，故在此只证明（1）和（3）。

158
情形（1）的证明：

$[\rightarrow]$ 假设 $<Tr, \{s', <Tr, q; 1>\}; 1> \in s_{a+1}$。由于 s_{a+1} 是语义良基的，故 $<Tr, q; 1> \in s' \cap s_{a+1}$。由于 $<Tr, q; 1> \in s'$，再据 η 的定义，$s' \subseteq s_{\eta(s',q)+1}$，可得 $<Tr, q; 1> \in s_{\eta(s',q)+1}$。进而，由于 $<Tr, q; 1> \in s'$，据引理 1，可得 $q < \{s', <Tr, q; 1>\}$。这样，通过施归纳于 "$<$"，可得 $<Tr, q; 1> \in s_{a+1}$，当且仅当，$\mu(q) \in [Tr_a]^+$。因此 $\mu(q) \in [Tr_a]^+$。这又有两种情形：$(1) \eta(s',q) \leqslant a$；$(2) \eta(s',q) > a$。

（1）$\mu(q) \in [Tr_{\eta(s',q)}]^+$。据克里普克构造，$[Tr(\mu(q)), \eta(s',q)] \in$

$[Tr_{\eta(s',q)}]^{+}$。由于 $\eta(s',q) \leqslant a$，并且其层次是累积的，故有 $[Tr(\mu(q)), \eta(s',q)] \in [Tr_a]^{+}$。

（2）$\mu(q) \in [Tr_a]^{+}$。据克里普克构造，$[Tr(\mu(q)), a] \in [Tr_a]^{+}$。由于 $\eta(s',q) > a$，故有 $[Tr(\mu(q)), \eta(s',q)] \in [Tr_a]^{+}$。

[←] 假设 $[Tr(\mu(q)), \eta(s',q)] \in [Tr_a]^{+}$。由此可得，$\mu(q) \in [Tr_{\eta(s',q)}]^{+}$。又存在两种情形：（a）$\eta(s',q) < a$；（b）$\eta(s',q) \geqslant a$。

（a）通过施归纳于 a，$<Tr, q; 1> \in s_{\eta(s',q)+1}$。据引理 2，有 $<Tr, q; 1> \in s'$。据克林封闭，$<Tr, \{s', <Tr, q; 1>\}; 1> \in s_{\eta(s',q)+1}$。故有，$<Tr, \{s', <Tr, q; 1>\}; 1> \in s_{a+1}$。

（b）$[Tr(\mu(q)), a] \in [Tr_a]^{+}$。于是，$\mu(q) \in [Tr_a]^{+}$，从而有 $\mu(q) <^{*} [Tr(\mu(q)), \eta(s',q)]$。据引理 2，$q < \{s', <Tr, q; 1>\}$。施归纳于 "$<$" 可得，$<Tr, q; 1> \in s_{a+1}$。由于 $\eta(s',q) \geqslant a$，故有 $<Tr, q; 1> \in s_{\eta(s',q)+1}$。据引理 2，$<Tr, q; 1> \in s'$。再据克林封闭，$<Tr, \{s', <Tr, q; 1>\}; 1> \in s_{a+1}$。

情形（3）的证明：

[→] 假设 $<Tr, \{s', <Tr, q; 1>\}; 0> \in s_{a+1}$。存在两种相关情形：（1）$<Tr, q; 0> \in s'$；（2）$<Tr, q; 0> \notin s'$。

（1）这里的证明与前面的情形（1）从左到右的证明方法相似。

（2）根据伯奇型情境的定义，如果 a 是一个后继数，则要么 $<Tr, q; 0> \in s_{a+1}$，要么 $s' \subseteq s_a$。不管哪一种情形，均有 $\eta(s', q) \leqslant a-1$。如果 a 是一个极限序数，那么对于某后继数 $\beta < a$ 而言，$<Tr, \{s', <Tr, q; 1>\}; 0> \in s_{\beta+1}$。同理可得，$\eta(s', q) \leqslant \beta - 1$。故有 $\eta(s', q) < a$。因此，$\eta(s', q) < a$。施归纳于 a，得 $\mu(q) \notin [Tr_{\eta(s',q)}]^{+}$。再据封闭构造，$[Tr(\mu(q)), \eta(s',q)] \in [Tr_{\eta(s',q)+1}]^{-}$。故有 $[Tr(\mu(q)), \eta(s',q)] \in [Tr_a]^{-}$。

[←] 又存在两种情形：（1）$\mu(q) \in [Tr_{\eta(s',q)}]^{-}$；（2）$\mu(q) \notin [Tr_{\eta(s',q)}]^{-}$。

（1）其证明与前述情形（1）从右到左的证明方法相似。

（2）如果 $\mu(q) \notin [Tr_{\eta(s',q)}]^{-}$，则 M 的构造确保 $\eta(s', q) < a$，因为只

有指数低于 a 时 $[Tr_a]^-$ 才是封闭的。根据归纳法， $<Tr, q; 1> \notin$ $s_{\eta(s',q)+1}$。引理2确保 $<Tr, q; 1> \notin s'$，而 η 的定义既包含（a） $<Tr, q; i> \in s_{\eta(s',q)+2}$，又包含（b） $s' \subseteq s_{\eta(s',q)+1}$。［在情形（a）中］按照克林封闭的第（2）条，或者［在情形（b）中］按照封闭运算 ρ，便得 $<Tr, \{s', <Tr, q; 1>\}; 0> \in s_{\eta(s',q)+2}$。由于 $\eta(s', q) < a$，故有 $<Tr, \{s', <Tr, q; 1>\}; 0> \in s_{a+1}$。

附录 C　论模式化概括

本书第 5 章和第 7 章中所讨论的关于类说谎者悖论的解决方案，依赖
于对自然语言表达的语境敏感限制。经常有人认为，这种限制的设定是自
我击败的，因为这种理论本身并不能以充分普遍性的形式表达出来。我希
望通过两种普遍性的区分，表明这样的异议是足可应对的，这就是关于模
式的普遍性与量化的普遍性的区分。

我从对马丁[1]提出的一种伯奇型解决方案的批评说起。尽管我们无
法在自然语言中表达高阶说谎者，但我们通过对伯奇型命题的直接量化就
可以做到这一点。例如，我们可以构造一个自指命题（λ_1）：

（λ_1）~true$_1$（λ_1）

（λ_1）所言述的，就是（λ_1）不是 true$_1$ 的。这个命题是非 true$_1$ 但
true$_2$。同样，对于每一个序数 a，都有一个说谎者命题 λ_a。我们可以引入
一个函数项 λ（x）来表示序数为 a 的说谎者。现在考虑殊型（A）：

（A）$\forall x \in$ ON true（$\lambda(x)$）

每个说谎者 λ_a 都为 true$_{a+1}$，但没有一个层面它们都为真。那么，我
们如何解释（A）中谓词"true"的出现呢？

当然，问题是在解释（A）的层面时，我们要使用序数类的序数。而
有一个序数类的序数的观念已被证明是不相容的；事实上，这就是第一个
被发现的集合论悖论，即布拉里-弗蒂悖论。因此，为了解决马丁的问题，
必须对内涵语境下的集合论悖论的解决有所讨论。我坚持认为，用于解释
（A）的模型之论域是一个集合，进而总是有某个序数 β 大于殊型（A）的
论域中的任何序数 a。我们可以将序数 β 赋予（A）中"true"的出现。

　　殊型 (A) 中出现的变元 x，必须相对于某个集合，比如 k（假设 k 是 ZF 层级之秩 V_k，这是很自然的）。因而我们可以给 (A) 中出现的 "true" 赋予一个大于 k 的序数 β，它属于下一个最高秩 k_1。这样就没有殊型 λ_β 落在 (A) 的量词辖域之内，因此就没有理由否认 (A) 为 true_β。这一观点与帕森斯的观点是一致的，即集合和类之间的区别并不是一个终极的本体论的区别，而仅仅是视角上的区别。正如帕森斯所指出：

> 　　关于集合论的一个一般准则是，我们所能建构的任何集合论，都可以通过假设有一个集合是它的标准模型而得以扩展。（这意味着）我们不能用集合论的语言来生成这样一个论述，即当且仅当量词绝对地涵盖所有集合时，它才可以被解释为真……看来，总有可能存在这样的视角，根据它，你所说的类就是真正的集合。[2]

　　这种理论也对理解伯奇的解悖方案中 "true" 的外延层级之重要性有很大的启发。我们可以引入一个非索引性的真值谓词，它只适用于伯奇型命题，进而定义第 6.1 节中讨论的语境敏感真值谓词如下：殊型 x 为 true_k 的，当且仅当，$(\exists y_\kappa)$（x 表达 y_κ，y_κ 为真）。变元 y_κ 在由属于 k 的序数构成的命题上取值。这样就不可能有类说谎者命题，因为 b–命题不可能是自指的。任何命题都不属于它自己的言述领域，因为它（确定那个领域）的索引范围不可能小于它自身。而类说谎者语句殊型是可能存在的。例如：

$$(L_0) \quad \sim(\exists x_0)((L_0) \text{ 表达 } x_0, \ x_0 \text{ 是一个真的 } b\text{–命题})$$

变元 x_0 在不包含任何索引因素的命题上取值。因而 (L_0) 表达一个真命题，因为它所表达的唯一命题不属于 x_0 的领域。

　　这种方法缺乏通过定义一个直接谓述殊型的初始真值谓词那样的灵活性。它与塔斯基的原初层级和伯奇论文中的 C1 构造非常相似。因此，它不能融汇克里普克论文中提出的"有根基真理"概念。我们无法对真与假进行有意义的自我应用。例如，根据上述理论，"2 + 2 = 4 或本语句为真"的第二个析取支就表达了一个为假的 b–命题。因此，我们被迫上升到相当的高层次去解释那些完全没有问题的言述。在第 4 章中我们所看到的认知谓词的情形中，这种真正的自我应用对于博弈论中的公共知识理论的发展是至关重要的。因此，我们就不能不使用语境敏感变元和语境敏感谓词。

然而，语境敏感集合变元的引入给伯奇型解决方案带来了新的困难。在第 6.1 节介绍的形式理论中，我使用了大量取值为序数的变元。根据刚才给出的该理论的帕森斯补充意见，所有这些变元的出现，都必须相对于等级结构中的某个特定层面。那么，怎样才能声称在哪一环节中提出的是"真"的语义学的普遍性理论呢？在殊型中出现的"真"必须被赋予比我的理论中的变元所相对的更高类型的序数。而关于这样的殊型之解释，我在前面已经讨论过了。

现在终于可以讨论伯奇所谓语义谓词（以及集合论变元之扩展）的"模式化"用法了。帕森斯也曾表达了一个非常相似的想法以回应如下类似的问题，即关于他对悖论的描述缺乏完全的普遍性的质疑。"像本文这种超越任一特殊集合作为其量化范围的话语所具有的普遍性，必定居于一种系统的歧义性之中，即普适于无限多个这样的集合。"[3] 罗素在其早期著作《基于类型论的数理逻辑》[4] 中，也提出了关于这种歧义性用法的一种非常类似的观点。其中，罗素区分了所有（all）和任何（any）："给定一个包含变元 x 的语句，比如 $x = x$，我们可以确认它在所有示例中都成立，或在不确定确认的是哪个示例的情况下，就可以确认其任何一个示例成立。"[5] 根据罗素的说法，在后一种情况下，我们的陈述（比如"令 *163* ABC 是一个三角形，那么 AB、AC 两边长之和大于 BC 边长"）是"绝对有歧义的"。"我们没有肯定任何一个确定的命题，而是肯定了从假设 ABC 是这个或那个三角形所得出的所有命题中的一个非确定命题。"[6]

如果一个通常的语境敏感谓词或变元，可以在这种意义上以一种有意图的歧义方式来使用，那么应该有可能引入某种符号来表达这一意图。于是我们便可以理解 true_a 和 x_k 正是表征语境敏感谓词 true 和变元 x 的这种有意图的歧义（模式化）用法。进而我们可以发展出一种支配这样的表达式之用法的逻辑。

作为模式化谓词的案例，我们可以断言像"$(\forall x)(\text{true}_a(x)$ 或者 ~$\text{true}_a(x))$"这样的逻辑真理，以及像 $(\forall x)(\forall y)(x = \text{Neg}(y) \rightarrow (\text{true}_a(x) \leftrightarrow \text{false}_a(y)))$ 这样的语义学普遍性定律。在这两种情形中，我们都把 true_a 和

170

false$_a$在一个陈述或相关话语中的不同出现联系起来：直观地说，我们认为它们居于层级结构中的（未指定的）相同层面（即 α 层面）。如果我们希望在同一话语中包含不以这种方式连接的两个语义谓词模式，我们就必须引入 true$_a$ 与 true$_\beta$ 这样的语法区别。

令"rooted$_a$"作为"true$_a$或者 false$_a$"的缩写。如果一个殊型是 rooted$_0$ 的（例如它不包含任何语义的或其他层面索引语言），那么，我们可以说该殊型是 rooted$_a$ 的。因为在所有 α 层面上，任何 rooted$_0$ 的殊型都是rooted$_a$的。我们甚至可以为这样的 rooted$_0$ 殊型断言不受限制的塔斯基模式。比如对殊型"$2+2=4$"而言：

$$\text{true}_a(\,'2+2=4'\,) \leftrightarrow 2+2=4$$

而如果一个殊型不是 rooted$_0$ 的，就不能说它是 rooted$_a$ 的。

我们可以引入一个规则，允许我们将一个断言去模式化。例如，如果我们能够断言 true$_a(\varphi)$，我们就可以断言 true(φ)，因为无论在第二个断言中 true 的出现被赋予什么层面，都已经被第一个断言中出现的 true$_a$ 所包含。再如关于一阶谓词逻辑定理的应用，我们也可以像对待其他谓词一*164* 样对待 true$_a$ 和 rooted$_a$。[7]（稍后我将讨论包含 true$_a$ 和 rooted$_a$ 的殊型的语义赋值。）

模式化谓词 true$_a$ 的出现不必相对于某一层面，因为它们有歧义地表征 true 在任一层面上的出现。同样，模式化变元 x_k、y_k 等的出现也不必相对于层级结构中的任何特定类型。谓词演算的所有普遍性规律和导出定理，都可以使用这种语境敏感变元来断言。进而，我们还可以添加一个规则，使我们能够对断言去模式化。如果我们可以断言 $(\forall x_k)\varphi$，我们就可以使用非模式化的语境敏感变元 x 而得到 $(\forall x)\varphi$。我们称这个规则为"SE"，即模式化消去（schematic elimination）规则。

在公理化逻辑中必须对公理模式所做的一个关键限制是，必须将公理模式"$(\forall x)\varphi \rightarrow \varphi(t/x)$"限制在词项 t 不是模式化变元的情形之中。同样，在自然演绎系统中，必须限制全称列举（消去）推论规则，使全称量化的非模式化变元不被模式化变元例示。否则，这样的推理将无效地从一种受限制的概括得到一种不受限制的概括。须知，所有非模式化变元都是索引地相对于一个层面的，而模式化变元则不然。显而易见，存在量化的变元不会按照存在列举（消去）规则用模式化变元例示。在自然演绎系统中，推论规则 SE 不能用于条件推导或间接（反证）推导。

最后，我将讨论包含模式化谓词和模式化变元之殊型的语义学。让我们重新考虑本附录开头提到的马丁问题。殊型（A）断言每一个说谎者命题都是真的：

$$(A) \quad \forall x \in \mathrm{ON} \ \mathrm{true}(\lambda(x))$$

正如我们已知道的，变元 x 必须被索引到 ZF 层级中的某个秩 V_k。假设我们模式化地表述（A）：

$$(A^*) \quad \forall x_\kappa \mathrm{true}_{\kappa+1}(\lambda(x_\kappa))$$

现在我们要给殊型（A^*）赋值：

$$(\sigma) \quad \mathrm{true} \ (A^*)$$

在（σ）中出现"true"可以被赋值到什么层面？很明显，任何层面 *165* 可以供它赋值，因为如果我们将 β 层面赋予（σ）中出现的"true"，我们会忽略（A^*）蕴涵 λ_β 为 $\mathrm{true}_{\beta+1}$ 这一事实。那么我们可否应该将（A^*）的赋值表示为：

$$(\sigma') \quad \mathrm{true}_\beta \ (A^*)?$$

然而，如果将任一特定层面赋予 σ 中出现的"true"都是不适当的，那么对每一可被赋予"true"的层面来说，都不能像 σ' 那样有歧义地断言一个 σ 形式的殊型。显然，建构模式化殊型的语义学的企图，是不可能实现的。[8]

我们必须严肃对待（A^*）是有歧义的这一观点，即并不存在（A^*）所表达的某一事物。如果（A^*）没有表达任何一个事物，那么将（A^*）作为单一赋值对象来对待任一赋值（无论是语境敏感的还是模式化的）都是不正确的。设 $f(y)$ 是这样一个函数，对变元 x 赋予索引词 y，对"true"的第一次出现赋予索引词 $y+1$。我们可以通过以下公式来表达（A^*）的一个肯定性语义赋值：

$$(\sigma^*)(\forall y_\tau)\,true_\tau(\,<\,`\,\forall x\,true(\lambda(x))\,`,\,f(y_\tau)\,>)$$

模式化殊型（σ^*）谈论的不是一个事物［如殊型（A^*）］而是多个事物：殊型（A^*）有歧义地（模式化地）表达各种伯奇型命题。请注意，（σ^*）本身包含一个模式化变元和一个模式化谓词。正如帕森斯所推测的那样："除非在受类似的歧义性支配的语言之中，否则人们无法表达系统的歧义性居于何处。"[9]或者就如伯奇所说："去模式化的模式是不存在的。"[10]

注释

[1] D. A. Martin，"说谎者悖论"研讨会论文，加利福尼亚大学，洛杉矶，1985 年 10 月 14 日。

[2] C. Parsons（1974b），pp. 10-1.

[3] C. Parsons（1974a），p. 28 n 13.

[4] Russell（1908）.

[5] Ibid.，p. 64.

[6] Ibid.，p. 65.

[7] 在二阶逻辑中，我们必须限制全称列举规则，以防止用一个模式谓词例示一个谓词变元。

[8] 伯奇曾建议，我们可以将（A^*）表述为 $true_{k+1}$。我不能明了这个观点之确切意义，除非它意味着对于所有大于 0 的 β，（A^*）是 $true_\beta$ 的，而这种情形下其结果并不比（σ'）为好。

[9] C. Parsons（1974a），p. 28 n 13.

[10] Burge（1979），in Martin（1984），p. 116.

参考文献

Aczel, P. 1988. *Non-well-founded Sets.* Center for the Study of Language *166* and Information, Stanford, Calif.

Anderson, C. A. 1983. "The Paradox of the Knower." *Journal of Philosophy* 80: 338−55.

Armbruster, W., and Böge, W. 1979. "Bayesian Game Theory." In *Game Theory and Related Topics*, ed. O. Moeschlin and D. Pallaschke. North Holland, Amsterdam, pp. 17−28.

Asher, N. 1986. "Belief in Discourse Representation Theory." *Journal of Philosophical Logic* 15: 127−89.

Asher, N., and Kamp, H. 1986. "The Knower's Paradox and Representational Theories of Attitudes." In *Theoretical Aspects of Reasoning about Knowledge*, ed. J. Y. Halpern. Kaufmann, Los Altos, Calif., pp. 131−48.

——1987. "Self-Reference, Attitudes and Paradox." In *Property Theory, Type Theory and Semantics*, ed. G. Chierchi, B. Partee, and R. Turner. Kluwer Academic, Dordrecht.

Aumann, R. 1976. "Agreeing to Disagree." *Annals of Statistics* 4: 1236−9.

—— 1987. "Correlated Equilibria as an Expression of Bayesian Rationality." *Econometrica* 55: 1−18.

Bacharach, M. 1987. "A Theory of Rational Decision in Games." *Erkenntnis* 27: 17−55.

Barwise, J., and Etchemendy, J. 1987. *The Liar.* Oxford University

Press, New York.

Benacerraf, P. 1967. "God, the Devil, and Gödel." *Monist* 51: 9-32.

Bernheim, D. 1984. "Rationalizable Strategic Behavior." *Econometrica* 52: 1007-28.

Bicchieri, C. 1988a. "Common Knowledge and Backward Induction: A Solution to the Paradox." In *Proceedings of the Second Conference on Theoretical Aspects of Reasoning about Knowledge*, ed. Moshe Vardi. Kaufman, Los Altos, Calif., pp. 381-93.

——1988b. "Strategic Behavior and Counterfactuals." *Synthese* 76: 135-69.

——1989. "Self-Refuting Theories of Strategic Interaction: A Paradox of Common Knowledge." *Erkenntnis* 30: 69-85.

Binmore, K. 1987. "Modeling Rational Players, Part I." *Economics and Philosophy* 3: 179-214.

——1988. "Modeling Rational Players, Part II." *Economics and Philosophy* 4: 9-55.

Böge, W., and Eisele, T. H. 1979. "On the Solution of Bayesian Games." *International Journal of Game Theory* 8: 193-215.

Brandenburger, A., and Dekel, E. 1987. "Rationalizability and Correlated Equilibria." *Econometrica* 55: 1391-402.

Bunder, M. W. 1982. "Some Results in Aczel-Feferman Logic." *Zeitschrift für Mathematische Logik* 28: 269-76.

Burge, T. 1978. "Buridan and Epistemic Paradox." *Philosophical Studies* 34: 21-35.

——1979. "Semantical Paradox." *Journal of Philosophy* 76: 169-98.

——1981. "Tangles, Loops and Chains." *Philosophical Studies* 41: 353-66.

——1984. "Epistemic Paradox." *Journal of Philosophy* 81: 5-28.

Chellas, B. F. 1984. *Modal Logic.* Cambridge University Press, pp. 171-80.

Church, A. 1956. *Introduction to Mathematical Logic.* Princeton University

Press, Princeton, N. J.

——1976. "Comparison of Russell's Resolution of the Semantical Antinomies with That of Tarski." *Journal of Symbolic Logic* 41: 747−60.

Clark, H. H., and Marshall, C. R. 1981. "Definite Reference and Mutual Knowledge." In *Elements of Discourse Understanding*, ed. A. K. Joshi and I. A. Sag. Cambridge University Press, pp. 10−63.

Davidson, D. 1967. "On Saying That." *Synthese* 17: 130−46.

Donnellan, K. 1957. "A Note on the Liar Paradox." *Philosophical Review* 66 (3): 394−7.

——1970. "Categories, Negation and the Liar Paradox." In *The Paradox of the Liar*, ed. R. L. Martin. Yale University Press, New Haven, Conn., pp. 113−20.

Feferman, S. 1962. "Transfinite Recursive Progressions of Theories." *Journal of Symbolic Logic* 27: 259−316.

——1982. "Toward Useful Type-Free Theories, I." *Journal of Symbolic Logic*, repr. in Martin (1984), pp. 237−89.

Flagg, R. 1984. "Consistency of Church's Thesis with Epistemic Arithmetic: Abstract." *Journal of Symbolic Logic* 49: 679−80.

Frege, G. 1978. *The Foundations of Arithmetic*, trans. J. L. Austin. Northwestern University Press, Evanston.

——1979. *Posthumous Writings*. University of Chicago Press, Chicago.

Gaifman, H. 1983. "Infinity and Self-Applications, I." *Erkenntnis* 20: 131−55.

——1986. "A Theory of Higher Order Probabilities." In *Theoretical Aspects of Reasoning about Knowledge*, ed. J. Y. Halpern. Kaufman, Los Altos, Calif., pp. 275−92.

——1988. "Operational Pointer Semantics: Solution to the Self-referential Puzzles I." In *Proceedings of the Second Conference on Theoretical Aspects of Reasoning about Knowledge*, ed. M. Vardi, Kaufman, Los Altos, Calif., pp. 43−60.

Gärdenförs, P. 1978. "Conditionals and Changes of Belief." *Acta Philosophica Fennica* 30: 381−404.

——1984. "Epistemic Importance and Minimal Changes of Belief." *Australasian Journal of Philosophy* 62: 136−57.

——1988. *Knowledge in Flux: Modeling the Dynamics of Epistemic States.* MIT Press, Cambridge, Mass.

Gödel, K. 1931. "Ueber unentscheidbare Sätze der Principia Mathematica und verwandter Systeme I." *Monatshefe für Mathemathik und Physik* 38: 173−98. English translation by J. van Heijenoort, "On Formally Undecidable Propositions of *Principia Mathematica* and Related Systems I." In van Heijenoort (1967), pp. 596−616.

Gupta, A. 1982/84. "Truth and Paradox." *Journal of Philosophical Logic* 11 (1982): 1−60; repr. in Martin (1984).

Hardin, R. 1982. *Collective Action.* Johns Hopkins University Press, Baltimore.

Harman, G. 1977. "Review of *Linguistic Behavior* by Jonathan Bennett." *Language* 53: 417−24.

Harsanyi, J. 1967−8. "Games with Incomplete Information Played by Bayesian Players, Parts I−III." *Management Science* 14: 159−82, 320−34, 468−502; repr. in Harsanyi (1982).

——1975. "The Tracing Procedure." *International Journal of Game Theory* 4: 61−94.

——1982. *Papers in Game Theory.* Reidel, Dordrecht.

Heim, I. 1982. "*The Semantics of Definite and Indefinite Noun Phrases.*" Ph. D. dissertation, University of Massachusetts.

Herzberger, H. G. 1982. "Notes on Naive Semantics." *Journal of Philosophical Logic* 11: 61−102.

Hintikka, J. 1962. *Knowledge and Belief.* Cornell University Press, Ithaca, N. Y.

——1973. *Logic, Language-Games and Information.* Van Gorcum, Assen.

Hodgson, D. H. 1967. *The Consequences of Utilitarianism.* Clarendon Press, Oxford.

Kamp, H. 1981. "A Theory of Truth and Semantic Representation." In *Formal Methods in the Study of Language*, ed. J. Groenendjik, T. Janssen, and M. Stokhof. Mathematisch Centrum, Amsterdam, pp. 277–322.

——1983. "Context, Thought, and Communication." *Proceedings of the Aristotelian Society* 85: 239–61.

Kaplan, D., and Montague, R. 1960. "A Paradox Regained." *Notre Dame Journal of Formal Logic* 1: 79–90.

Konolige, K. 1985. "Belief and Incompleteness." SRI Artificial Intelligence Note 319. SRI International, Menlo Park, Calif.

Koons, R. 1989. "A Representational Account of Mutual Belief." *Synthese* 81: 21–45.

——1990a. "Doxastic Paradox Without Self-Reference." *Australasian Journal of Philosophy* 68: 168–77.

——1990b. "Three Indexical Solutions to the Liar." In *Situation Theory and Its Application*, Vol. 1, ed. R. Cooper, K. Mukai, and J. Perry. Center for the Study of Language and Information, Stanford, Calif.

Kreps, D., Milgrom, P., Roberts, J., and Wilson, R. 1982. "Rational Cooperation in the Repeated Prisoner's Dilemma." *Journal of Economic Theory* 27: 245–52.

Kreps, D. M., and Ramey, G. 1987. "Structural Consistency, Consistency, and Sequential Rationality." *Econometrica* 55: 1131–48.

Kreps, D., and Wilson, R. 1982. "Reputation and Imperfect Information," *Journal of Economic Theory* 27: 253–79.

Kripke, S. 1975. "Outline of a Theory of Truth." *Journal of Philosophy* 72: 690–716.

Kyburg, H. 1970. "Conjunctivitis." In *Induction, Acceptance, and Rational Belief*, ed. M. Swain. Reidel, Dordrecht, pp. 55–82.

Levi, I. 1977. "Subjunctive, Dispositions, and Chances." *Synthese* 34:
423−55.

——1979. "Serious Possibility." In *Essays in Honour of Jaakko Hintikka*,
ed. Esa Saarinen. Reidel, Dordrecht, pp. 219−36.

169 Lewis, D. 1969. *Convention*. Harvard University Press, Cambridge, Mass.

Löb, M. H. 1955. "Solution of a Problem of Leon Henkin." *Journal of
Symbolic Logic* 20: 115−8.

Luce, R. D., and Raiffa, H. 1957. *Games and Decisions*. Wiley, New
York.

Martin, R. (ed.) 1984. *Recent Essays on Truth and the Liar Paradox*.
Clarendon Press, Oxford.

McClennen, E. F. 1978. "The Minimax Theory and Expected Utility Rea-
soning." In *Foundations and Applications of Decision Theory*, ed. C. A.
Hooker, J. J. Leach, and E. F. McClennen. Reidel, Dordrecht, 337−68.

Mertens, J. F., and Zamir, S. 1985. "Formalization of Harsanyi's No-
tion of 'Type' and 'Consistency' in Games with Incomplete Informa-
tion." *International Journal of Game Theory* 14: 1−29.

Miller, D. 1966. "A Paradox of Information." *British Journal for the Phi-
losophy of Science* 17: 59−61.

Montague, R. 1963. "Syntactical Treatments of Modality, with Corollar-
ies on Reflexion Principles and Finite Axiomatizability." *Acta Philo-
sophica Fennica* 16: 153−67.

Nash, J. 1951. "Non-cooperative Games." *Annals of Mathematics* 54:
286−95.

Olin, D. 1983. "The Prediction Paradox Resolved." *Philosophical Stud-
ies* 44: 229.

Parsons, C. 1974a. "The Liar Paradox." *Journal of Philosophical Logic*
3: 381−412.

——1974b. "Sets and Classes." *Nous* 8: 1−12.

Parsons, T. 1984. "Assertion, Denial, and the Liar Paradox." *Journal of Philosophical Logic* 13: 137−52.

Pearce, D. 1984. "Rationalizable Strategic Behavior and the Problem of Perfection." *Econometrica* 52: 1029−50.

Perlis, D. 1987. "Languages with Self-reference, II: Knowledge, Belief and Modality." University of Maryland, Computer Science Dept. , College Park, pp. 1−42.

Pettit, P. , and Sugden, R. 1989. "The Backward Induction Paradox." *Journal of Philosophy* 86: 169−82.

Rapaport, A. , and Chammah, A. 1965. *The Prisoner's Dilemma.* University of Michigan Press, Ann Arbor.

Regan, D. 1980. *Utilitarianism and Cooperation.* Clarendon Press, Oxford.

Reny, P. 1988. "Rationality, Common Knowledge and the Theory of Games." Unpublished manuscript, University of Western Ontario, Dept. of Economics.

Rescher, N. 1976. *Plausible Reasoning: An Introduction to the Theory and Practice of Plausibilistic Reasoning.* Van Gorcum, Assen.

Rosser, J. B. 1937. "Gödel Theorems for Non-constructive Logics." *Journal of Symbolic Logic* 2: 129−37.

Russell, B. 1908. "Mathematical Logic as Based on the Theory of Types." *American Journal of Mathematics* 30: 222−62; repr. in *Logic and Knowledge*, ed. , Robert Charles Marsh, Allen and Unwin, London, 1956, pp. 57−102.

Schiffer, S. R. 1972. *Meaning.* Oxford University Press, Oxford.

Selten, R. 1978. "The Chain-Store Paradox." *Theory and Decisions* 9: 127−59.

Shubik, M. 1982. *Game Theory in the Social Sciences.* MIT Press, Cambridge, Mass.

Skyrms, B. 1986. "Higher Order Degrees of Belief." In *Prospects for Pragmatism*, ed. D. H. Mellor. Cambridge University Press, pp. 109−37.

170   Sobel, J. H. 1975. "Interaction Problems for Utility Maximizers." *Canadian Journal of Philosophy* 4: 677−88.

Sorensen, R. A. 1986. "Blindspotting and Choice Variations of the Prediction Paradox." *American Philosophical Quarterly* 23: 337−52.

——1988. *Blindspots.* Clarendon Press, Oxford.

Stahl, D. 1988. "On the Instability of Mixed-Strategy Nash Equilibria." *Journal of Economic Behavior and Organisation* 9: 59−69.

Tan, C. T., and Werlang, S. 1988. "The Bayesian Foundations of Solution Concepts of Games." *Journal of Economic Theory* 45: 370−91.

Tarski, A. 1956. "The Concept of Truth in Formalized Languages." In *Logic, Semantics, Metamathematics*, J. H. Woodger, trans. Oxford University Press, New York.

Teller, P. 1976. "Conditionalization, Observation, and Change of Preference." In *Foundations of Probability Theory, Statistical Inference, and Statistical Theories of Science*, ed. W. L. Harper and C. H. Hooker. Reidel, Dordrecht, pp. 205−59.

Thomason, R. 1980. "A Note on Syntactical Treatments of Modality." *Synthese* 44: 371−95.

Ushenko, A. P. 1957. "An Addendum to the Note on the Liar Paradox." *Mind* 66: 98.

Van Fraassen, B. 1984. "Belief and the Will." *Journal of Philosophy* 81: 231−56.

Van Heijenoort, J. 1967. *From Frege to Gödel.* Harvard University Press, Cambridge, Mass.

Wright, C., and Sudbury, A. 1977. "The Paradox of the Unexpected Examination." *Australasian Journal of Philosophy* 55: 41−58.

索　引

译后记

　　罗伯特·C. 孔斯的《信念悖论与策略合理性》一书，是当代悖论研究的重要文献之一。封底所载原版内容简介，强调了本书的原始创新性工作，也就是将当代语义悖论研究的成果推广应用于当代博弈论的一系列悖论性难题的研究之中，得到了一个颇具开拓性与前瞻性的"策略合理性"分析框架。在汗牛充栋的当代悖论研究文献中，这无疑构成本书的首要特色。除此之外，本书还有几大值得关注的贡献：

　　（1）本书的工作实际上为严格意义的逻辑悖论建构了一个新的群落。如作者所指出，自从罗素悖论的发现导致逻辑悖论研究复兴以来，对严格意义的逻辑悖论的研究长期局限于"集合论悖论"与"语义悖论"两大群落，一些关于悖论的一般性认识是限于这两大群落而概括出来的。20世纪60年代以来，基于蒙塔古、卡普兰和作者的导师伯奇等人的工作，在语义悖论探究的过程中逐步分离出一个独立的"认知悖论"群落，由于认知悖论与当代人工智能前沿问题的密切关联，推动了"动态认知逻辑"的蓬勃兴起。本书的工作本来隶属于这个群落，作者也把严格建构后的"盖夫曼悖论"指认为一种特殊的"信念（置信）悖论"。但我认为，与伯奇、托马森等人所探究的"信念悖论"家族有所不同，以盖夫曼悖论（依据本书的精致化贡献应称为"盖夫曼-孔斯悖论"）为核心的、深度关联于博弈论难题的严格悖论家族，实际上业已从认知悖论中独立出来，构成一个新型的"合理行动悖论"群落。这个新型群落的研究，对于当代"行动逻辑"的建构与发展具有特殊意义，而本书的工作可以构成这一群落研究的起点。令人欣慰的是，这个认识获得了作者本人和越来越多学者的认同。

（2）本书也是当代语义悖论研究中"语境敏感方案"的代表性著作之一。作为语境敏感解悖方案的奠基人伯奇和情境语义学创始人巴威斯共同的学生，作者对于语境敏感方案的来龙去脉及其在解悖上的独特优势有着深切的把握。本书在对语境迟钝方案进行系统批判的基础上，以其宽广的学术视域，把关于语义悖论的语境敏感解悖方案推广到认知悖论与合理行动悖论，并且通过"否证者悖论"这一特殊的认知悖论的建构，表明语境迟钝方案无法向这些新型悖论推广，而语境敏感方案面对新型悖论却游刃有余，从而有力论证了语境敏感方案的优势地位。与此同时，本书在语境敏感方案研究本身也做出了重要的推进工作，在改造盖夫曼"运算指针"理论的基础上，为悖论性陈述如何被语境所固定给出了精致刻画，从而建构了通用于伯奇、盖夫曼和巴威斯—埃切曼迪语境敏感方案的一种形式语用学，并将之运用于解决前述两大类新型逻辑悖论。虽然这种建构的合理性会有诸多哲学争议，但这种技术成果无疑为语境敏感方案的探索提供了新的基础。本书关于语境迟钝解悖方案必定导致反实在论、与实质真理论不相容的论断，也为悖论研究的一系列最新发展所佐证。

（3）最后但并非不重要的是，本书为作者所谓"计算主义论题"做了有力辩护。自从蒙塔古基于"知道者悖论"的探索而提出"算子观点"以来，将困扰于哥德尔式自指的"语句谓词"转化为"语句形成算子"的所谓"内涵主义"解悖路径，一直有着广泛影响。但本书通过把原初基于自指的盖夫曼悖论，改造为并不基于自指而仅基于语句形成算子、使用可能世界语义学的严格悖论，从而构成对算子观点的一种根本性反驳。作者试图由此表明，就消解类说谎者悖论而言，运用"算子观点"的解悖路径既不是充分的，也不是必要的。我认为，尽管作者本人在全书"序言"的开篇就强调了本书的这一宗旨，但这项工作远未获得学界高度重视，其价值仍值得深度开掘。

我对本书的青睐，源于 20 世纪 80 年代初开始的悖论研究的持续体验，特别是与说谎者悖论这一千古谜题的长期"作战"。我在长期从事基础逻辑教学与研究的过程中，逐步形成了关于经典逻辑作为理性根基之普适性的一种"逻辑保守主义"理念，认为用于解悖的非经典逻辑的发展，绝不应走"反经典"的道路，只有尽可能与经典逻辑相协调，才能以最小代价获得最大收益。因此，尽管语境敏感解悖方案初兴之时我已有所接触，特别是对情境语义学方案颇觉新鲜，但基于其鲜明的"反经典"外貌，我并不认为这是解决悖论的可行路径，而更欣赏那些致力于与经典逻辑相协调的语境迟钝方案。这一观点反映在我的早期著作《科学的难题——悖论》（1990，1994）之中，尽管其中致力于论证解悖之出路必定要诉诸"动态"方案，但不见语境敏感方案的踪影。幸运的是，在孔斯教授的《信念悖论与策略合理性》出版之初，我几乎在第一时间就发现了它并加以研读。而本书对语境敏感方案特别是情境语义学方案简明精致的阐述，使我体会到其强大的解题功能，同时也看到了这种新路径与经典逻辑相协调的可能性。经过反复探索，我得到了语境敏感方案是解决语义悖论乃至诸多广义逻辑悖论的必由之路的结论。在这个新的认识指导下所做的探索，不断反映在《矛盾与悖论新论》（1998）、《逻辑悖论研究引论》（2002，2014）、《当代逻辑哲学前沿问题研究》（2014）等著述之中。这些持续探索使我认识到，情境语义学的创立，是完全可以和哥德尔-塔斯基定理、可能世界语义学相媲美的里程碑式成就，其发展与完善将为人类理性思维提供崭新工具。这种思维变革与心灵安顿，其起点就是对本书的阅读，因而我对孔斯教授的工作一直抱有感激之情。

之所以能在第一时间阅读《信念悖论与策略合理性》，缘于我从事悖论研究的旨趣是从实践哲学和异化理论的早期兴趣生长出来的，因而对当代博弈论难题研究始终高度关注。如前所述，本书的价值不仅在于对"策略合理性"的一种严格分析框架的建立，在悖论的基本理论研究上亦建树颇丰。但据我观察，本书的名称加之因其首要贡献而被列入剑桥"概率、归纳与决策理论研究"丛书，可能妨碍了只关心经典悖论研究的学者对它的关注与研究。因此，我提议将本书列入"悖论研究译丛"首批书目，以供我国关心悖论研究的广大读者阅读。很高兴这个提议得到陈波教授与中国人民大学出版社的认同，使得本译稿能够顺利面世。

孔斯教授对于与中国学界交流始终抱有热情，与许多中国学人维持着长久友谊。2007 年我邀请他到南京大学访问讲学，开设关于逻辑悖论的研究生短期课程，尽管他当时的学术研究重心已经转移到运用情境理论探究因果实在论与形而上学，但他还是愉快地接受了邀请，并在课程中使用本书作为基本教材，同时就情境理论在形而上学中的应用做了多场报告，其间也应邀赴浙江大学讲学。借此机缘，孔斯教授此后又先后接待并悉心指导了廖备水、李莉、李振宇等青年访问学者，为中国逻辑与哲学人才培养做出了独特贡献。他对自己的代表作中译本陆续面世而感到非常荣幸〔另一部代表作《重塑实在论：关于因果、目的与心智的精密理论》（顿新国、张建军译），已由南京大学出版社于2014年出版〕，也对自己的姓氏汉译与孔夫子的姓氏相关联而感到由衷高兴。

在孔斯教授来南京大学授课时，当时的几位在读研究生曾做了本书主要内容的一个节译本，用作教学参考资料。本书译者贾国恒、雒自新、李莉当时都在南京大学攻读博士学位并参与了节译本的工作。他们后来分别以《情境语义学及其解悖方案研究》、《认知悖论研究》和《合理行动悖论研究》为题完成博士学位论文，都在一定程度上受惠于孔斯教授的工作。现在他们皆已成长为相关领域的专家，并陆续主持了相关主题的国家与教育部社科基金及博士后基金项目。本译稿是在新的研究基础上参考原来的节译本重新合作翻译的，译者分工如下：

序言、导论、第1章，由张建军执笔；

第2章、第4章、附录，由李莉执笔；

第3章，由雒自新执笔；

第5章，由林静霞执笔；

第6章、第7章、结语，由贾国恒执笔；

参考文献、索引，由张顺执笔；

全书由张建军统校定稿，并对译稿可能存在的问题负责。

在全书统校过程中，曾交各位译者按统一要求反复校改、打磨所负责章节，每位译者也对其他章节提出了诸多修订意见，贾国恒参与了全书的术语统一与校改工作。南京大学顿新国教授就归纳与概率相关译稿的修订提出了中肯建议，中山大学袁永锋副教授、扬州大学罗龙祥副教授和刘辰博士、华中师范大学陈吉胜博士、苏州大学张亮博士、湖南师范大学王淑庆博士，以及南京大学逻辑专业博士生尹智鹤、史红继、施迎盈及香港大学博士生伍岳轩、南京大学逻辑所重大项目助理水源等，均阅读全部或部分译稿并提供了诸多修订意见，大家以"南逻人"精益求精传统所贡献的集体智慧，对保障这部跨学科著作的译稿质量起了重要作用，谨此一并致谢。同时感谢中国人民大学出版社杨宗元、张杰老师对本书及"悖论研究译丛"的悉心策划和责任编辑吴冰华老师的精心编辑加工。

　　本译稿在主要术语的翻译上尽可能采用国内学界比较通行的译法，并与我的《逻辑悖论研究引论》保持基本一致。但有几个关键术语的改译值得在此特别说明。首先是在本书中扮演重要角色的"plausible""plausibility"两词，《引论》及许多逻辑著作中使用的"似然""似然性"的译法，相对于目前英语学界的高强度用法（例如本书）有些偏弱，国内哲学界常用的"似真""似合理性"也有同样的问题，而数学界一些学者采用的"合情""合情性"的译法，又与日常习语"合情合理"中的"合情"词义相悖；我们经反复斟酌，在本译稿中循其使用原义采用了"可信""可信性"的译法。随着以"合理置信""信念修正"为核心的当代归纳逻辑与动态认知逻辑的发展，这两个词已是英语世界逻辑与哲学著作中的高频词，基本上可以和"rational""rationality"分庭抗礼，亟待学界就其译法达成共识。其次是"justify""justification""justifiability"三词，逻辑学界传统译法是"辩护"（分别为动词与名词）和"可辩护性"，《引论》亦然；但就该词本义而言，"辩护"的中文语义显然是偏弱的，而且本书刻意将"justify"与"defense"区别开来，后者译为"辩护"更为适当。出于对"辩护"的译法之不适当性的共识，学界相继使用了"确证""核证""证成"等译法，但"确证"用于翻译归纳逻辑的核心术语"confirm""confirmation"已几成定译，"核证"也与"辩护"有同样的偏弱问题，而"证成"则又有所偏强；我们认为，港台地区学界部分学者倡导的"证立"的译法，在中文语义上更为适当，也具有学术术语的陌生化功效，在本书的语境中也能够更为顺畅地表达原义，故予以采用。最后是本书的另一关键术语"mutual belief"，国内博弈论学界比较通行的译法是"共有信念"，但国内外学界有不少学者是在与"common belief"（公共信念）相区别的意义上使用这一术语的，即一个共同体的"公共信念"（如本书所解释）不仅为共同体成员"共有"，而且必须是所有成员"互知"的；而"共有信念"则可以只是"共有"而并非"互知"。不难见得，这种区别对于悖论研究也是非常重要的。然而，本书并没有使用这种区别用法，而是把"mutual belief"用作"common belief"的同义词，因此本译稿将"mutual belief"译为"交互信念"，以更加贴合原义并避免"共有信念"一词可能造成的混淆。

据孔斯教授解释，本书除第7章以前面各章特别是第6章为基础外，其他各章基本上都可独立阅读，为方便读者根据自己的兴趣选择研读，有个别案例阐释的重复之处未加删节。此外，原著中的一些印刷符号错误（例如第3章中的模态算子符号在原著中漏印），在孔斯教授来访授课时已予以确认，因而在译著中的纠正也就不再一一注明了。

在与陈波教授共同确定的"悖论研究译丛"首批书目中，本书属于从最严格的界说看待逻辑悖论的著作，而其他几部著作对悖论采取了比较宽泛的把握，这为读者阅读研究提供了多维视域。希望在共抗新冠肺炎疫情过程中推出的这个译丛，能够为我国学界与广大读者共同探究人类理性的困境与出路，提供新的思考平台。

张建军

2020 年 4 月 12 日于南京仙鹤门寓所

悖论研究译丛

主编　陈波　张建军

10 个道德悖论
［以］索尔·史密兰斯基（Saul Smilansky）/ 著　王习胜 / 译

信念悖论与策略合理性
［美］罗伯特·C. 孔斯（Robert C. Koons）/ 著　张建军 等 / 译

悖论（第 3 版）
［英］R. M. 塞恩斯伯里（R. M. Sainsbury）/ 著　刘叶涛　雒自新　冯立荣 / 译

悖论：根源、范围及其消解
［美］尼古拉斯·雷歇尔（Nicholas Rescher）/ 著　赵震　徐召清 / 译

图书在版编目（CIP）数据

信念悖论与策略合理性/（美）罗伯特·C. 孔斯著；张建军等译. --北京：中国人民大学出版社，2020.7

（悖论研究译丛/陈波，张建军主编）

书名原文：Paradoxes of Belief and Strategic Rationality

ISBN 978-7-300-28311-1

Ⅰ．①信… Ⅱ．①罗… ②张… Ⅲ．①逻辑学-关系-悖论-研究 Ⅳ．①B81-05

中国版本图书馆 CIP 数据核字（2020）第 118220 号

悖论研究译丛

主编　陈波　张建军

信念悖论与策略合理性

［美］罗伯特·C. 孔斯（Robert C. Koons）著

张建军 等 译

Xinnian Beilun yu Celüe Helixing

出版发行	中国人民大学出版社		
社　址	北京中关村大街 31 号	**邮政编码**	100080
电　话	010－62511242（总编室）	010－62511770（质管部）	
	010－82501766（邮购部）	010－62514148（门市部）	
	010－62515195（发行公司）	010－62515275（盗版举报）	
网　址	http://www.crup.com.cn		
经　销	新华书店		
印　刷	北京联兴盛业印刷股份有限公司		
规　格	160 mm×230 mm　16 开本	**版　次**	2020 年 7 月第 1 版
印　张	13.75 插页 2	**印　次**	2020 年 7 月第 1 次印刷
字　数	198 000	**定　价**	58.00 元